选对色彩搞定穿搭

摩天文传 编著

吉林科学技术出版社

图书在版编目（CIP）数据

选对色彩搞定穿搭 / 摩天文传编著. -- 长春：吉林科学技术出版社，2014.5

ISBN 978-7-5384-5626-4

Ⅰ．①选… Ⅱ．①摩… Ⅲ．①服饰美学 Ⅳ．①TS941.11

中国版本图书馆CIP数据核字(2014)第089576号

选对色彩搞定穿搭

■ ■ ■ ■ ■ ■

编　　著	摩天文传
编　　委	韦延海　王彦亮　曹　静　郭　慕　杨　柳　陈　静　赵　珏　李淑芳　简怡纹　陈春春
	黄　琳　邓　琳　梁　莉　杨晓玮　胡婷婷　班虹琳　王慧莲　黄苏曼　宋　丹　顾哲贤
	陈　晨　赵　杨　李　亚　陈奕伶　康璐颖　卢　璐　陆丽娜　胡心悦　张瑞真
出 版 人	李　梁
选题策划	摩天文传
策划责任编辑	端金香
执行责任编辑	高千卉
封面设计	摩天文传
内文设计	摩天文传
开　　本	780mm×1460mm　1/24
字　　数	280千字
印　　张	7
印　　数	1-8000
版　　次	2014年9月第1版
印　　次	2014年9月第1次印刷

出　　版	吉林科学技术出版社
发　　行	吉林科学技术出版社
地　　址	长春市人民大街4646号
邮　　编	130021
发行部电话/传真	0431-85677817　85635177　85651759
	85651628　85600611　85670016
储运部电话	0431-86059116
编辑部电话	0431-85642539
网　　址	www.jlstp.net
印　　刷	长春新华印刷集团有限公司
书　　号	ISBN 978-7-5384-5626-4
定　　价	35.00元

前言

色彩学理论说："懂一点色彩学，让你轻松驾驭穿搭。"

穿在身上的服饰，给人的第一眼印象就是色彩的搭配。如果色彩搭配得当，整个人的穿着品味就会立即加分。懂一点色彩学原理、并将它运用到平日的穿衣搭配中，你会发现自己的穿衣品格瞬间提升，令身边的朋友刮目相看！

大自然的四季说："学会追随四季的色彩才是穿搭达人。"

本书从四季色彩的角度教会你穿衣，让你根据大自然四季的色彩变化，每一季都穿出优雅动人的一面。并带你了解四季的色彩，让你春季演绎明亮轻快色彩，夏季展现轻盈质感穿搭，秋季塑造丰富色阶，冬季实践色彩智慧穿搭，让你一年四季都是色彩的主人。

衣橱里的衣服说："我们的穿搭方法多得超乎你的想象。"

本书从一衣多穿的角度教会你穿衣，让你衣橱里每一件衣服都可以搭配出多种穿法，让你从简单几件衣服中就可以搭配出一周不重复的穿搭，让你从此以后再也不会觉得衣柜里还缺一件衣服。本书还精选了日常出席频率最高的场合，并针对每个场合设置最完美的色彩穿搭方案，让你在每一个场合里都是众人眼中的焦点。

这本书在说："我能让你华丽变身穿搭女王！"

本书由国内最好的女性美容时尚图书创作团队摩天文传所创作，团队中的资深服装编辑将枯燥却无比有用的色彩学理论进行提炼，精选和总结出一条条通俗易懂的色彩搭配法则，再根据全球最新潮流资讯进行色彩搭配的设计，精心创作出这本《选对色彩搞定穿搭》，让每个女生都可以运用色彩美学的法则指导穿搭，让每个掌握了色彩学法则的女生都可以轻松驾驭穿衣搭配，从穿搭白痴华丽变身成为朋友眼中的穿搭女王。

目录 contents

第一章 春季演绎明亮轻快色彩

第二章 夏季展现轻盈质感穿搭

第三章　秋季塑造丰富色阶

1. 冬季色彩视觉盛宴　● ● ● ● ◍ ●

复古红
祖母绿
雪地灰
优雅驼

2. 冬季穿搭的色彩学法则　● ● ● ● ◍ ●

哑色必须通过细节提高品质
用光泽感面料搭配，冬季也能穿好荧光色系
用杂色搭配卡其色系更相得益彰
灰色系和草色系是冬季屡试不爽的主流搭配
周一：寒假到朋友家做客
周二：去学习油画
周三：和男友在西餐厅小聚
周四：和朋友为聚餐逛超市
周五：和男友约在咖啡店小聚
周六：到老师家做客
周日：到机场给好友送行

3. 冬季色彩场合搭配范例　● ● ● ● ◍ ●

场合一：应征美术老师的工作
场合二：参加闺蜜婚礼
场合三：到户外咖啡厅约会
场合四：到户外进行调研工作
场合五：参加朋友的生日派对
场合六：和上司乘机到异地出差
周一：机场登机
周二：在愉悦氛围中参观对方公司
周三：约对方公司的平级人员吃午餐
周四：高层见面陪同出席
周五：参加达成合作后的第一次商务晚宴
周六：到老师家做客
周日：到机场给好友送行

4. 冬季色彩单品百搭穿法　● ● ● ● ◍ ●

一衣四穿单品1：酒红色套头毛衣
一衣四穿单品2：普鲁士蓝长款卫衣
一衣四穿单品3：威尼斯红方格半身裙
周一：参加部门会议
周二：为客户送去答谢礼物
周三：下班约见男友
周四：参加联谊活动
周五：赴一场周末影院的约会
周六：和行内知名的猎头见面
周日：陪家人一起逛街购物

第一章

春季演绎明亮轻快色彩

春季温馨而美好，当然也是好好梳理穿衣思路的季节。
抛开色彩桎梏，现在就来尝试衣橱中前所未有的颜色吧！
运用当季清亮柔和的色彩，借助各种单品穿出轻盈体态，
一起来演绎 365 天中最轻快、最阳光的姿态吧。

1 春季色彩视觉盛宴

薄荷绿

　　薄荷绿是介于浅蓝与浅绿之间的一种中间的颜色，像薄荷叶那样浅浅的绿色，但是并不是翠绿。作为一种中立颜色，薄荷绿与复苏、生长、变化、天真、富足、平静等有关。

亮天蓝

亮天蓝是天空的颜色之一，春季云淡风轻的天气里，天空呈现出的颜色。它是蓝色系颜色之一，介乎蓝色和白色之间，由蓝色与白色合成，它是为人所知的一种淡色。在西方经常被使用为衣物、装饰物的颜色和包裹男婴的亚麻布的颜色。

蔷薇粉

蔷薇粉是粉色系中偏淡的粉色，没有深粉色的甜美但却多出一丝高贵淡雅，如同蔷薇花含苞待放时静谧美好，淡淡地散发出迷人的香气，是一种需用气质去衬托的颜色。

珊瑚橘

珊瑚有各种各样颜色，而这里的珊瑚色被赋予的是一种抽象的含义，珊瑚色大多指一种带有奶油色调的颜色。珊瑚橘，是一种偏肉色的暖色系色彩，让人感受到如同奶油般甜蜜美好，同时很好地提升整体气色，既端庄优雅又不会过于严肃老气。

2 春季穿搭的色彩学法则

　　春季上架的更多的是色彩饱和度没那么高的单品，多数属于冰淇淋色。这种色系的衣服因为饱和度不高，更容易对比出真实的肤色和肤质，因此在搭配上要格外留神。

冰淇淋色分明暗两调，亮调在下可显高挑　● ● ○ ○ ●

100% 配色方案

浅珊瑚红
50%

浅橘色
30%

鲜黄色
20%

▲ 鲜黄色虽然占的比例不多，却能提亮整体色调，显得活力无穷。

色彩学法则

　　冰淇淋色因为材质反光率的不同而呈现明暗两调，身材高挑者可把明调穿在上半身，暗调穿在下半身，相反的，身材小巧者则必须相反，亮调在下才能一下子把下半身的色调提高，给并不修长的双腿带来轻盈之感。

相近色彩搭配方案

色系内相邻的颜色混搭成功率最高

色彩学法则

把你手头上的单品色彩定为主色，可以在其色系内找颜色最相近的两个"邻色"搭配，一般都能收到较好的效果。要记得颜色越相近，基调越近似，组合套搭的效果就更为悦目。

相近色彩搭配方案

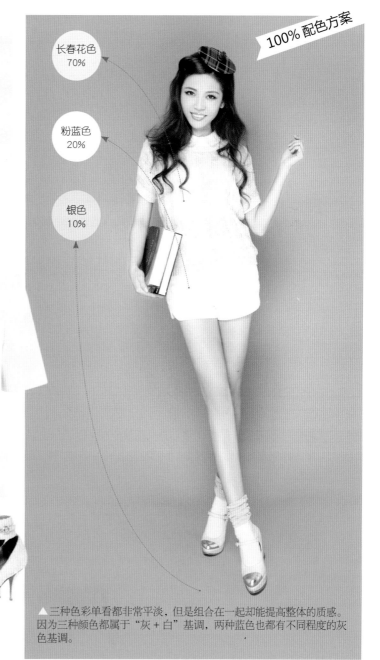

100% 配色方案

长春花色
70%

粉蓝色
20%

银色
10%

▲ 三种色彩单看都非常平淡，但是组合在一起却能提高整体的质感。因为三种颜色都属于"灰＋白"基调，两种蓝色也都有不同程度的灰色基调。

冷暖两色正面交锋时最好用乳白色衔接

100% 配色方案

乳白色
50%

矢车菊蓝
30%

浅珊瑚红
20%

色彩学法则

浅珊瑚红和矢车菊蓝都不是红色系或者蓝色系中的纯色，属于调和了其他颜色的混合色，因此两者穿在一起容易相互争夺，整体的色彩就显得浑浊了。用乳白色统领，一来降低了色差导致的浊感，二来用乳白这类清新的颜色定基调很适合春天轻盈又不失温暖的风格。

相近色彩搭配方案

▲ 此套装束运用暖色（浅珊瑚红）和冷色（矢车菊蓝）都混入了乳白的基调，因此运用乳白色的外套能增添协调感，让冷暖亮色的交锋转变成柔和的局面。

用光泽感强的色彩混搭荧光色

色彩学法则

　　身着荧光色系的衣服很容易让皮肤包括整个人都暗下来，建议用光泽感强的面料搭配，色系最好也是冰淇淋色。切忌用强硬手段压制荧光色的高调，例如用暗色和哑光的色系来搭配，是极其糟糕的。

相近色彩搭配方案

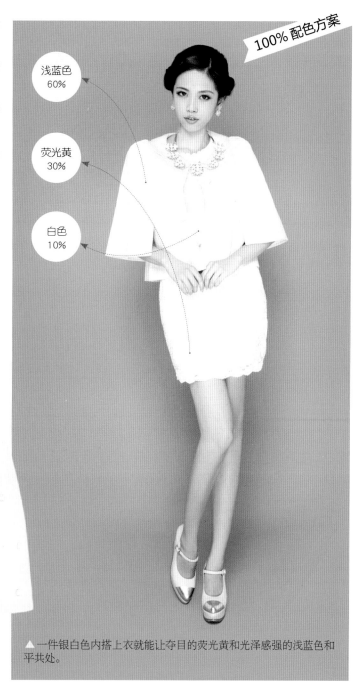

浅蓝色
60%

荧光黄
30%

白色
10%

▲一件银白色内搭上衣就能让夺目的荧光黄和光泽感强的浅蓝色和平共处。

周一、到新加入的社团报到

在春季我们所能购买的衣服大多数是浅色，如果这些浅色都采用同一种面料，无疑是平淡而且单一的，只有通过不同面料赋予色彩不一样的特性，使浅色也能穿出截然不同的感觉。

【即使是浅色也能通过面料百变】

关键词

70% 活力
30% 甜美

▲ 蕾丝拼纱浅粉色背心式上衣

▲ 双色拼接针织套头衫

▲ 浅蓝色缎质娃娃衫

▲ 松石绿蕾丝短裤

▲ 黄色是贵气的颜色，茉莉黄色彩更突出上衣的上乘质感，和松石绿蕾丝短裤搭配，驾轻就熟突出女生的品位指数。

▲ 白色蕾丝半身裙

▲ 青瓷绿弹性连身裙

▲ 白色蕾丝小西装

▲ 香槟黄色棉质外套

周二：
参加礼仪培训

关键词

80% 自信
20% 大气

▲ 丝缎面料最能突出身体的线条，遇到需要突出曲线的场合，丝缎面料是首选。加上蓝色提炼了气质中干练的一面，使自信大方的效果更加明确。

周三：
参加创业大赛选拔

关键词

60% 成熟
40% 朝气

▲ 要营造精明能干的印象，不要一开始就尝试黑灰色的西装，休闲面料的白色单品更适合新人身份。

周四：
到服装公司应征实习生

关键词

80% 气场
20% 大胆

▲ 以轻柔的黄色和白色配合，突出新人之姿。白裙使用了蕾丝和纱两种面料，在不影响色彩的前提下做足了层次感。

周五：
担任摄影俱乐部的模特

关键词

60% 可爱
40% 清新

▲ 轻柔的浅黄遭遇清新的青瓷绿，两种"会呼吸"的浅色，让整个人因此变得轻盈起来。

周六：
竞选社团干部

关键词

70% 自信
30% 干练

▲ 浅色并非不能穿出权威感，只要选择硬质感面料的外套即可，切勿把柔软质料穿在最外层。

周日：
参加男友生日会

关键词

50% 端庄
50% 甜美

▲ 裙摆属于蓬裙效果的连衣裙可以打底穿，将外套扣子扣齐，搭配坠子刚好位于领口之间的短链，华丽感和甜美感一并做足。

3 春季色彩场合搭配范例

场合一： 参加周末花园烧烤

每个现代人都无法避免以朋友圈或者同事圈为核心的周末社交，无论是野餐、室外烧烤、茶会都需要你精心打扮一番。当然你不能像去晚宴一样穿着，兼顾休闲感和家居感是必须遵照的法则。

刺绣小碎花很适合英式下午茶的氛围，给人以放松的姿态。

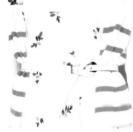

如果身上的色彩很多，又需要搭配系一条腰带的话，尽量选择白色。

两种颜色拼接的鞋子会让你很时髦，带着时尚符号谈社交向来无往不利。

▲ 不挑肤色的鹅黄色、浅蓝色和橘红色适合穿来这种休闲社交结合的场合，它们会让你看起来非常年轻并且亲切容易接近。

场合搭配建议

无论周末社交活动以女性还是男性参加者为主，最好穿裙装，让自己和工作日的装扮风格做出区分。

方案
1

方案
2

总是穿对的衣服参加周末社交

● ● ■ ■ ■ ● ●

　　周末社交是现代人最喜欢的娱乐方式之一，它可能囊括亲属圈、同事圈、朋友圈、友邻圈，换句话说，它主宰了你的整个人脉圈，因此有必要确保自己衣着得体。

周末社交正确穿着法则

选择日光下柔和的色彩

　　太阳光是由7种色光构成的，分别是红、橙、黄、绿、青、蓝、紫（波长由长至短排列），波长较短的光线被大气层散射或者吸收，很少到达地面；波长最长的红光不易被大气吸收，因而普照大地。因此在户外时，如果你也不是主角，最好不要穿红色系的衣服，包括艳丽的粉色、玫红、棕红色等，红色的衣着在太阳光下会过于夺目。

以轻便得体的穿着为主

　　着装要与社交氛围和谐，周末既然是轻松的，就应避免夹克、西装这类硬质感的外衣，转而选择针织衫、开襟外套、连衣裙等比较舒适的衣着。穿着外套时衣袖的长度以到手腕为宜，有长辈或者上级应系一粒扣，最好穿皮鞋以示正式。

不要选择着地的款式

　　周末社交处于半正式半休闲的场合，而且活动一般会在白天进行，最好不要让自己穿着过于隆重，避免无法融于轻松的氛围中。但是我们提倡裙装，优雅不紧身的膝上裙或者H型的直身裙都会让你显得很得体。

不要裸露度过高

　　衣着的裸露度当然由现场的温度来定，注意不要急于把夏天的衣着穿出来，避免活动延长到夜间时你会冷得瑟瑟发抖。准备一件柔软的外套作为方案B，让它和你的裙子搭配。

第一次和对方家长见面打扮得太娇矜或者太平实都不好，建议选择舒适的柔和色调，塑造亲和健谈的一面，迅速拉近和陌生长辈的距离。

▲ 象征平和的蓝色和象征开朗的柠黄色相配，让肤色显得柔和，温婉动人。

搭一件白色针织衫在肩上，强调自然和不做作，适合拜访同样也是率真派的长辈。

浮纹的棉质上衣能撑起过瘦身型，塑造出长辈们喜爱的丰满身型。

柠黄色能让肤色看起来闪亮、健康，因为颜色中混入了一点奶油色的基调，不会显得过于张扬。

场合搭配建议

不要尝试太女性化或者太休闲的装扮，避免长辈误会你属于娇气懒散的女孩。

同色系组合方案

方案
1

方案
2

让男友父母也爱上自己的穿衣妙招

第一次见对方父母时的衣着需依场合而定，定在餐厅见面可穿正式的小礼裙，最棘手的情况便是定在男友家里。第一次见面就能赢取对方父母的好感，首战告捷装应该这样准备。

为了女生能够了解的穿衣误区
父母、长辈最不喜欢的穿着，每个恋爱中的女生都需要注意——前方有雷区，请勿踩踏！

47% 的长辈最不喜欢暴露的、紧身的穿着
31% 的长辈对身着高级奢华服装的女生会感到压力
15% 的长辈会不重视打扮过于幼稚的女生

【简单打扮方法】
把自己打扮得简洁一些没有错！长辈都不喜欢浮夸冒失的女生，面对见长辈这类大事件最好提前一天准备，穿着精心搭配的服装自信登场。

选对衣服款，提升了解华和感与重要的潜在印象

色系：柔和的粉嫩色 √　　　沉闷的暗沉色 ×
柔和的纯色适合家的感觉，特别是到对方家里做客的时候，这种颜色很容易令别人放下戒备和你倾心交谈。
暗沉的颜色不仅显得老气横秋，如果你的气质和成熟风格不符，更容易显得不协调。

剪裁：规则利落的剪裁 √　　　个性不规则的剪裁 ×
除非你拜访的是一个深谙服装之道的时髦家庭，否则不要轻易尝试廓形主义、立体剪裁、不规则设计这类冒险的服装。否则长辈会认定你难以捉摸，也会对各自喜好不同产生担忧和焦虑。

面料：柔软的棉质或者雪纺 √　硬朗的皮质或牛仔布料 ×
柔软的面料让你显得宜室宜家，一出场就奠定了柔和派的印象。硬朗的皮质或者单宁布料不适合穿去见长辈的场合，这些面料也许会让他们对你产生别的猜想。

场合三：和男友一起看演出

▲整体还是柔和显得肤白的色调，加入差异性极大的迷彩和格纹元素，巧妙上演搭配元素的戏剧化冲突。

象征艺术品位的演出场合，需要一点点出众和富有艺术腔调的打扮。趁机证明你是时髦得体的女孩，成为他右手最想轻挽的对象。

通过系色彩悦目的腰带，达到拉伸腿部长度的效果。

带有迷彩元素的小拎包让可爱甜美的打扮别开生面。

拼钻方形装饰的方头鞋有典雅的艺术气息，点点光彩可享受红毯一刻。

场合搭配建议

高腰版的穿搭方案让你在人群中挥洒自信，双色运用也是艺术家最喜欢的配色方式之一。

同色系组合方案

方案
1

方案
2

观看演出衣着穿搭指南

无论是高雅艺术还是平民流行，你准备好观看各式演出的穿搭方案了吗？想成为场合穿衣的高手，不能让观众席中的自己黯淡无光。

高雅艺术音乐剧演出的衣着搭配

歌剧

依剧场等级和演出剧目而定，一些知名歌剧院除了会有着正装的要求之外，还必须是黑色正装，另外不能佩戴帽子。

演奏会

钢琴、小提琴这类纯音乐演奏会属于"严肃音乐"范畴，最好穿着过膝的深色正式裙装和套装，避免穿着牛仔裤、T恤衫或休闲运动鞋，以示对乐团、作曲家和音乐的尊重。

舞台剧

舞台剧有时装性这一特点，所以大多数情况下不需要穿礼裙正装。有些舞台剧属于小剧场型，观众席和表演区距离很近，因此不要穿着过于鲜明醒目的颜色即可。

【NG对于歌剧演出】
- 以闪亮元素主打的夜店风格 "别让自己看起来像是酒后迷路的不速之客"
- 用力过猛的宫廷风格 "虽然华丽可以对应高雅，但你看起来太像正在候场的演员了！"
- 长裙拖曳的晚装 "这套装束更适合私密性更强的餐厅或会所，公众场合穿就太过火了。"

平民流行音乐演出的衣着搭配

演唱会

根据音乐类型确定穿着风格，记得不要把自己束缚起来，细高跟、紧身裙、长裙等是相当扫兴的装扮，男友绝对不会向你发出第二次邀约。

话剧

着装上的随意性更强，几乎不对观众的着装有所要求，可以肆意挥洒自己的穿搭创意。但要记得不要穿得过于隆重，和话剧这种天马行空、自由不设限的空间氛围不符。

街舞

别让自己穿得像学校辅导员，正式套裙以及套装都不要选择。尽量选择高街风格的单品，让自己流行一些，更符合街舞表演时洋溢的动感气氛。

【NG对于流行演出】
- 过于裸露的性感装扮 "这里只有音乐和创意是主角，长腿和美胸没人捧场。"
- 精致隆重的正装礼裙 "你看起来像是一位急于表现自己的公主，但这里不欢迎公主。"
- 可爱清新的森系装束 "你看起来像棉花糖和奶油一样不可触摸，更适合安静一些的场所。"

拜访客户的任务一般都会委托给沟通能力强、整体素质突出的员工，很庆幸你成为了其中的人选。但是别先顾着高兴，能不能达到拜访客户、融洽关系的最终目的，你的着装是相当重要的因素。

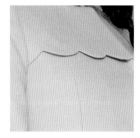

半圆形的饰边让上装外套多了一点引人好感的元素。

尺寸大小合适的手拿包完全摆脱商务包的严肃感。

贴合双腿曲线的铅笔裙可以让你看起来朝气蓬勃。

▲ 象征愉悦、和平的蓝色是最适合作为拜访客户时的主色，黄色作为蓝色的最佳搭档，能让蓝色更加纯净和直接。

场合搭配建议

尽可能简洁的剪裁和大方利落的配色，鲜明的冷调色比暖色更强调了你的拜访目的——为了公司而来。

同色系组合方案

方案
1

方案
2

拜访客户时的穿搭秘诀

如果上司给你拜访客户的任务，那么就意味着你的衣橱需要升级！你的衣着不仅代表着公司形象，更是工作能力的一个细微体现，穿着是客户见到的第一印象，因此别让穿着给自己泄气。

拜访客户时的着装原则

尽量穿的企业？

"尽量穿公司的统一服装，这样目的性明确一些。"

"事先了解一下对方公司的企业文化，穿符合那边氛围的打扮最好。"

——拜访客户时始终都会给予对方一定的压力，一般也会牵扯到业务问题。如果对方公司比较敏感，最好不要穿公司的制服去拜访，穿便装，整齐挺括一些即可。事先了解对方企业文化的做法也值得赞许，有些公司提倡轻松愉悦的办公氛围，也别把自己包裹得太紧绷。

穿得柔美的企业？

"访客大多数是男性，我想穿得甜美一点，让自己看起来与众不同一些。"

"我希望穿得柔美一些，我相信接待我的不管是男主管还是女主管都会喜欢的。"

——女性拜访者天生就有调和关系、化解僵局的优势，因此不一定要把自己武装成精兵强将的模样。柔和的色系、富有女性化特质的服装，能让客户放下戒心，甚至还能获得认同感。尤其接待对方同样是女性职员时，更不应该采取强势、中性的装扮。

根据拜访对象感受不一样而定的配色技巧

公司高层：选择大气稳重的色系，例如蓝色系、大地色系和卡其色系，突出稳重和可信赖感，不要露出轻浮、幼稚、不专业的一面。

公司中层：选择稳重但不乏朝气的色系，例如绿色系、黄色系、珊瑚色系等，较容易塑造鲜活的记忆点，让他们一下子就把你记住，利于公司形象及推广概念的传播。

平级基层：选择代表友善、亲和的浅色系，例如裸粉色、米色、浅黄色等，迅速拉近和对方的距离，可以的话甚至还可以发展成朋友，提高业务洽谈的成功率。

场合五：作为主人招待来家里做客的朋友 ● ● ｜ ● ● ●

今晚有好几位同事和朋友来家里做客，带有一点点社交意味的家宴是不是让你在衣橱前站了好几个小时？恰到好处的品位以及不令人反感的骄傲感，穿出女主人的自豪感不是易事噢。

▲ 在今日的情景里，粉色代表着高贵、优雅和幸福，你的温暖居所一样讨人欢心。

恰到好处地让人看到光彩夺目的珠宝，一点点微奢感正体现了女主人的骄傲身份。

对襟款式外套落落大方，比一般套装舒适也比家居服正式，适合待客的时候穿着。

七分袖的款式能让你看起来年轻并且善于交际。

场合搭配建议

待在家里的感觉是最温暖和最舒适的，因此应该选择柔和的暖色调。

同色系组合方案

方案
1

方案
2

穿出女主人的优雅姿态

别让你的客人感觉不舒适和拘束，首先要从尝试柔和的色调做起。仿佛与牛奶混合出来的颜色适合白皙的肌肤，能一下子带来好感和放松的基调。

如果不擅长挑选衣服，你还是可以穿着平时上班的套装，只要换个颜色，即使剪裁和款式相同，也能穿出不平凡的感觉。例如灰色转换成浅粉色、黑色转换为白色，一切只因颜色而悄悄改变了。

服装如果能选择与家居环境同一个色系，作为延伸色出现，一定能迅速捕捉眼球。大地色的服饰和木质调的装修天衣无缝、唯美的宫廷风服饰适合美式家居、撞色穿搭为现代风格的家居增添亮点……稍加留神的穿搭等于诉说拥有私人空间的幸福宣言。

Q1：邀请几位重量级的嘉宾到家里做客该怎么穿衣？

A：可以把自己家看成是高级餐厅，最好穿合身正式的简装礼裙，暴露面积需要根据访客性别比例而定，女性居多的话穿着性感些无妨，但建议在自己家里设宴招待不要穿得过于暴露。

Q2：家宴如果是中式的，年轻女生怎么穿才得体？

A：年轻女生的衣橱里几乎没有中式的服装，如果是很盛大的中式家宴，可以以丝绸、麻等中式面料的服装应对，衣着也应该保守一些，或者选择代表中国风的色系，例如正红色、靛蓝色等，用色彩来呼应主题。

Q3：以长辈居多的家宴，身为年轻人该怎么穿才得体？

A：不穿醒目刺激的色系，去掉一些太过复杂的配饰，让自己穿得简洁统一一些。另外围巾、披肩、帽子和手套登上餐桌是不礼貌的行为，应该提醒自己注意。

▲虽然还是采用了粉色，但在面料选择蕾丝，控制了粉色的轻浮和浅薄，同时通过外套和腰带的搭配隐约透露出成熟典雅的韵味。

成为熟男的女友，怎么做才能在衣着上迅速拉近年龄的距离。除了避开幼稚轻浮的颜色之外，更需要注意的是色彩的搭配方式。

有领的款式令每位想要变成熟一些的女生跃跃欲试。

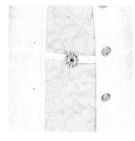

白色细腰带能增加干练元素，减轻粉色的浅薄感。

香芋色、浅粉色和象牙白的三色搭配，犹如清晨美好的阳光。

场合搭配建议

应避免蓬蓬裙这类带有小女生特质的设计，甜美的颜色结合成熟的设计，让成熟的他眼中全是欣喜。

同色系组合方案

方案 *1*

方案 *2*

了解熟男喜欢的穿搭模式

曾被成熟的他抱怨穿得过于可爱难登大雅之堂？被他同事误会是女儿尴尬一场？想要获得成熟男士的钟爱，服饰上的差错万万不能有。

熟知这三法则，成为熟男最爱另一半

法则1：对公场合一定要穿得成熟一些

不是所有熟男都喜好成熟稳重的穿着，生活中也有一些熟龄男士的衣着风格相当新锐和年轻。但是请记住，只要是在对公场合，熟男都会放弃个人的风格偏好，会穿得稍微稳重一些。因此但凡陪他出席对公场合，尽量都要往成熟方向打扮。

法则2：穿你最喜好的颜色

女生的穿着理念是越年轻越好，有时候也无法因为爱情而缴械投降。如果不能喜欢上那些成熟高雅的设计，尽量挑选一下他平时喜欢穿着的颜色，这样双双出现时就更像是热恋中的情侣。

法则3：别挑战他理解不了的风格

男生和女生所能理解的时尚范畴本身有异，如果你乐于尝试一些尖端的穿搭理念，也请别在和他一起的时候。男士喜欢自己的女伴成为大家口中的话题，而不是笑话趣闻集。

用年轻色彩激起熟男眼中的"怎么了"了解他

年轻的色彩——粉色

色彩效果：粉色代表着烂漫、梦幻、纯真和懵懂，它代表了强烈的感性特质。

改变方案：将粉色运用的面积缩减一些，达到释放少一些感性特质的效果，这样人自然而然就会显得理性而成熟。用理性的米白色、象牙白、香槟色包容粉色，也能达到同样的效果。

年轻的色彩——黄色

色彩效果：黄色代表着活泼、外向、爽快和直接，它同样也是一种感性色彩。

改变方案：尽量穿低饱和度的黄色，只有接近米白色的浅黄让人心平气和。另外黄色最好不要和绿色、黑色、紫色来搭配，黄色在强烈的色彩对照下会显得跳跃、不成熟。

周一： 到酒庄选择周末晚宴用的葡萄酒

对大多数拒绝亮色的人而言，象牙色系迷蒙、单纯的特质尤获芳心。象牙色系饱和度低，对比度不强，因此三两组合普遍都能塑造柔和轻盈的效果。

本周为期 7 天的穿着都是通过这 8 件单品实现的噢！

【将象牙色系的单品组合出彩虹效果】

One week look

关键词

80% 大方
20% 甜美

▲ 象牙白方领衬衫

▲ 象牙粉七分袖上衣

▲ 象牙色圆领针织衫

▲ 柠黄色针织连身裙

▲ 象牙粉短裤

▲ 象牙蓝叠纱半身裙

▲ 柠黄色九分裤

▲ 象牙粉西装外套

＋

▲ 由上至下采用由浅至深的色阶能显得人的比例修长，中间辅以象牙白色更加强了这种效果。

周二：
闺蜜聚会的晚餐

关键词

60% 简洁
40% 随性

▲ 干净简约的穿搭方式能让和你相处的人彻底放松，随性的特点就依靠一双现代简约的白色粗跟鞋来体现。

周三：
出席奢侈品贵宾活动

关键词

70% 优雅
30% 精致

▲ 不必通过张扬的色彩就能获得自信，利用腰封强调紧致的身体曲线就能展现出傲人的气质。

周四：
到外语机构进修

关键词

50% 乖巧
50% 自信

▲ 带着职场精英的身份来学习，可以借助粉嫩的颜色保持青春，更要注重简洁的设计维持白领的形象。

周五：
和同事一起做市场调查

关键词

70% 干练
30% 朝气

▲ 成熟的剪裁搭配粉嫩的颜色就能采集艳羡的目光，这样做能轻巧地把成熟和年轻把玩在股掌之间。

周六：
到商场准备男友的礼物

周日：
陪同领导出席拍卖会

关键词

90% 休闲
10% 复古

关键词

80% 现代
20% 微奢

▲ 圆领针织衫和短裤是学生时代最喜欢的装扮，换成雅致的象牙色后不妨穿到 30 岁噢。

▲ 黄色是能带来好运的颜色，这个颜色会激励周围的人，产生源源不绝的正能量。

4 春季色彩单品百搭穿法

一衣四穿单品 1：粉蓝色连身裙

大多数东方女生都拥有暖调肤色，粉蓝色可以降低色温，使人皮肤看起来白皙富有光泽。粉蓝色可以自如行走在理性和感性之间，搭配不同的辅助色，呈现不一样的气质。

方法 1：以甜美风格为主的穿搭

浅粉蓝色

＋

浅粉色

米色

浅砖红色

▲ 粉蓝和粉红这对甜美国度的双生儿极容易塑造轻盈的体态，无论是上轻下重抑或是上重下轻的体型都能很好地掩饰不足。

方法 2：突出学生气质的装扮

浅粉蓝色

＋

白色

黑色

浅紫色

▲ 黑白色的注入，将蓝色导向理性的领域。让粉蓝色抛弃不想长大的心，变得理性而纯粹。

方法 3: 强调女生特质的穿搭模式

方法 4: 看起来舒适轻便的周末装扮

浅粉蓝色

+

裸粉色

黑色

浅紫色

浅粉蓝色

+

粉色

米色

浅砖红色

▲ 粉蓝色已经在女性特质上倾尽全力，只要稍微加入一点同质化的元素（例如此次穿搭中运用的蕾丝上衣）作为催化，就能加倍体现柔美感。

▲ 合体的连身裙并非一直需要正襟危坐式的演绎，如果搭配简单纯朴的小开衫一样可以散发舒适味道。

一衣四穿单品 2：白色西装马甲

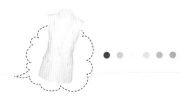

　　白色代表着平和、安静、广阔，是一个搭配自由度相当高的颜色。同时它也是容易被其他颜色左右的，和理性的大地色相配会变得沉静，和活跃的蓝色相配又会变得活泼。

方法 1：穿出大女人风格的装束

白色
+
土黄色
砖红色
驼色

▲ 瘦长版的剪裁突出白色的强势感，三个同是大地色系色彩的混用，组合出不俗的整体效果。

方法 2：恰到好处地演绎中性风格

白色
+
浅粉蓝色
钴蓝色
海军蓝

▲ 白色能让蓝色更加直接、凝练，蓝白色的搭配通常代表着权力、理性、格律，能直接演绎利落的中性风格。

方法 3: 最富有春天气息的装束

白色

+

粉色

银色

果绿色

▲ 果色和花色的对照显得春意盎然，这样的配色令人显得精力充沛。

方法 4: 利落的美式休闲风格

白色

+

钴蓝色

蔷薇粉

黑色

▲ 白色作为底色，等于在胸前打了高光，突出上围，而外围的蓝色则会显得身材苗条，粉色让双腿更加轻盈。

一衣四穿单品 3：粉蓝色拼白色卫衣

粉蓝色没有深蓝的忧郁和浅蓝的浪漫，它属于轻快的年龄和未知的视野，因此适合创意性并具有现代感的穿搭模式。

方法 1：更街头化的运动风格

粉蓝色 + 白色

宝石蓝

浅灰色

▲ 选择露脐分截式装束时，浅色有助上下的距离加宽，而深色会令距离显窄，让身材显矮。

方法 2：大胆运用颜色的职场风

粉蓝色 + 粉色

钻蓝色

砖红色

▲ 粉色虽然看似没有任何力量，但只要配合利落的直线型剪裁以及挺括的面料就能散发出强势感，所以粉色并非不能用在职场。

方法 3: 倾向少女梦幻风格的搭配思路

粉蓝色

+

白色

米色

浅粉色

▲ 粉蓝、白色、米色、浅粉都是毫无"攻击性"的色彩，是塑造梦幻风格最常用的颜色。

方法 4: 围绕着甜美为核心的牛仔风

粉蓝色

+

蔚蓝色

钴蓝色

驼色

▲ 蔚蓝色和粉蓝色虽有差异，但如果都有白色来穿针引线便能和谐相处。

043

周一：拿文件找上级批复签字

"一冷一暖"的穿搭模式屡试不爽，只要遵照浅色在上、深色在下的套路演绎就绝无失手的可能。

本周为期7天的穿着都是通过这8件单品实现的噢！

【四冷色 + 四暖色的穿搭方案】

One week look

关键词
80% 知性
20% 甜美

▲ 粉橘色拼白色长袖衬衫

▲ 藕粉色针织上衣

▲ 姜黄色拼驼色针织衫

▲ 白色西装马甲

▲ 蔚蓝色半身裙

▲ 宝石蓝半身裙

▲ 黄棕色长裤

▲ 白色蕾丝外套

▲ 低调的白色上装搭配优雅的宝石蓝半身裙，微微扬起的裙摆是拒绝古板装束的巧妙心机。

周二：
带领新人参观公司

关键词

70% 端庄
30% 亲和

▲ 白色马甲能让腰部和背部的线条都变得匀称，把上下两种颜色的单品风格进行并联。

周三：
到客户公司提案

关键词

50% 现代
50% 亲和

▲ 提案需要创意和吸引别人的注意，利用两种黄色完成同色系内的撞色，亮眼之余也能加强他人对你的记忆点。

周四：
到执行现场监督工作

周五：
到花艺工作室学习插花

关键词

50% 轻便
50% 专业

关键词

80% 甜美
20% 内敛

▲裤装便于户外工作穿着，耐脏的深色放在下半身，能提亮肤色的浅色放在上半身。

▲九分袖以及膝上裙，巧妙露肤使人身形苗条修长。加上轻盈透明的颜色，令好身材呼之欲出。

周六：
到夜店为朋友庆生

周日：
和家人逛家居中心

关键词

60% 甜辣
40% 狂野

关键词

80% 乖巧
20% 甜美

▲ 宝石蓝和藕粉色在夜间会变得"暧昧"，创造电光火石的灵力让人魅力无边。

▲ 柔和的冷暖亮色是塑造乖乖女的利器！带有粉色基调的配色也容易穿出大家闺秀的感觉。

第二章

夏季展现轻盈质感穿搭

明艳似火的色彩是夏季的主流，面对主流色你会搭配么？
清新淡雅的颜色使炎夏也变得可爱，这个季节你是否"浓淡两相宜"？
运用夏季高频次色彩，穿出减一号苗条身材，
这个夏天，你那多年不变的色彩库也渴望一场彻底的洗礼！

1 夏季色彩视觉盛宴

电光蓝

如同电光火石般能发出闪耀的光芒，电光蓝是一种张扬炫目的颜色，是一种晶莹剔透的蓝色。这是一种兼具个性与时尚的颜色，最能展示你的个性和成熟的魅力。

050

明艳橙

明艳橙是欢快活泼的光辉色彩，它使人联想到热情的夏天，是一种富足、快乐而幸福的颜色。橙色与淡黄色相配有一种很舒服的过渡感，能把橙色明亮活泼具有口感的特性发挥出来。

霓光桃

比红更妖，比紫更艳，那种混合了紫的红叫霓光桃。它混合了性感、高贵、妩媚、活力等元素，令人无限着迷。这原本属于玛丽莲·梦露的桃红色，已经在都市中蔓延开来，让人招架不住。

荧光黄

夏天，最适合炫耀颜色的季节。在这个如何夸张都不为过的季节里，荧光黄色，比起荧光粉和荧光蓝来说，更为中性，荧光黄这种颜色具有无可比拟的醒目效果。

2 夏季穿搭的色彩学法则

穿出轻盈感是这个季节的主要任务，不要以为明亮、热烈的颜色能让人轻盈，夏天更要慎选高饱和的颜色，而是通过轻柔的颜色来穿出轻盈明快的风格。

穿与肤色相近的米黄色时需要白色来提亮 ● ● ● ●

100% 配色方案

米黄色 50%

白色 35%

金黄色 15%

色彩学法则

夏季会出现各种各样的黄色，但不是所有人都适合。低饱和度又带有灰色基调的黄会使皮肤看起来更老，需要明亮的纯色来提亮。另外布料的选择也很重要，年轻女孩选择黄色服装时尽量不要选哑光、吸光的面料，有一点细腻的光泽会让黄色更加明快。

相近色彩搭配方案

▲米黄色会让肤色稍暗的人显得没自信，而明亮的白色或者金黄色都能起到提亮效果。

加一点暖色，冷色不单调

色彩学法则

冷色会突显肤色中的灰色基调，肌肤苍白无光泽的话一定要在细节上用暖色来平衡。用一个饱和度高、鲜亮的颜色搭配色温低的颜色，能瞬间活跃色彩的灵性，掩饰肤色中天生的灰色基调，让苍白皮肤散发明朗的气质。

相近色彩搭配方案

水蓝色
50%

芽黄色
40%

西瓜红
10%

▲ 在水蓝色和芽黄色之间，小面积的西瓜红是全身色彩跳跃的点睛之笔。

选择粉白基调的色彩单品需侧重剪裁

100% 配色方案

浅珍珠红
60%

茉莉黄
30%

鲜红色
10%

色彩学法则

茉莉黄、珍珠色、珍珠红、水蓝色等都属于粉白基调的色彩，它们是吸光、具有把物体放大功效的拓展色，适合身材比较骨感的人穿出丰满感。如果身材已经比较丰腴，针对这些颜色应选择有褶皱、收腰等修饰身形设计的单品，切勿选择平板平面的裁剪，会让身材变得臃肿。

相近色彩搭配方案

▲ 粉白基调的茉莉黄搭配浅珍珠红，顺利地将年龄变成永远的秘密。

白色能令艳丽的颜色品位升级

色彩学法则

　　珍珠红、紫红色、玫红色都属于色彩属性张扬、冶艳的一派，如果你想让自己低调一些却不想抛弃个性上的钟爱，可以让白色成为主角，占全身面积 50% 或以上，比较冶艳的颜色减少到 30% 以下。通过白色"稀释"张扬色彩的张力，把高调控制在合理范围。

相近色彩搭配方案

白色
50%

浅珍珠红
35%

浅紫色
15%

100% 配色方案

▲ 原本张扬、轻浮的紫红色因白色的加入变得知性。

周一：参加公司的培训课程

如果你无法很好地根据色彩的感觉分配面积，那么采用 50%+50% 的双色相加思路绝对不会出错。从日常实用性来说，50%+50% 的搭法是最实用最便捷的方式。

本周为期 7 天的穿着都是通过这 8 件单品实现的噢！

【各占 50% 的超简易配色方案】

关键词

80% 知性
20% 轻快

One week look

▲ 浅珍珠红小飞袖上衣

▲ 乳白色短袖上衣

▲ 粉蓝色五分袖上衣

+

▲ 水蓝色对襟衬衣

▲ 蔚蓝色半身裙

▲ 浅珍珠红拼纱半身裙

▲ 浅茉莉黄 A 型裙

▲ 白色波浪边九分裤

▲ 清澈的色彩让人浑身散发知性的味道，简单的剪裁也让色彩的效果更直击人心。

周二、
和男友参加情侣派对

周三、
参与同事升迁庆祝会

关键词

50% 甜美
50% 可爱

关键词

50% 大方
50% 知性

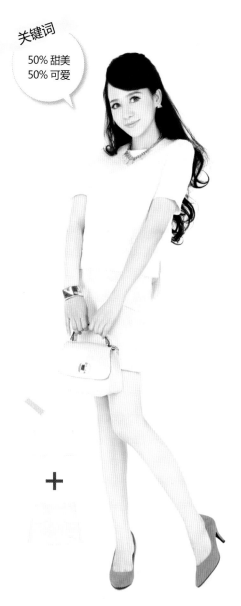

▲ 在配件上多选择几个和主体单品色彩相近的颜色，小面积组成的彩虹阵营让甜美的感觉加分。

▲ 这种场合不应该把自己打扮得过于艳丽，保守的剪裁加上轻柔的颜色最妥当。

周四：
到酒店订公司聚会场地

80% 现代
20% 强势

▲ 不要以为轻柔的颜色不能穿出强势的感觉，只要在配件上运用一些色彩饱和、硬质料的单品就能如愿。

周五：
送业务报表到上级部门

50% 利落
50% 知性

▲ 50% 的粉蓝色加上 50% 的浅茉莉黄，通过简洁的搭配把知性的感觉一笔带过，又因为色彩的轻柔留下亲和甜美的余韵。

周六：
陪伴闺蜜挑选婚纱

周日：
参加作家的读者见面会

关键词

80% 甜美
20% 端庄

▲ 如何把两个相近但又不完全一样的色彩穿在一起？！通过一条饱和度高的亮色腰带即可完成配对。

关键词

70% 知性
20% 可爱

▲ 穿搭纯色最忌讳生拉硬凑，只要细节上有所呼应，即使面积不大，也可以穿出套装的效果。

场合一：与女性高层茶叙

作为职场女性免不了要和女性上司接触，无论在公在私都要特别注重穿着问题。尤其是非公的私下接触更要坚持低调但要有品质的穿衣思路。

精致不夸张的多层式项链相当符合女上司的品位。

窄身裙不选择性感的弹性质料，用蕾丝会显得没有威胁性。

没有太多装饰的果色单鞋会让你显得更亲切活泼。

场合搭配建议

款式尽量保守，颜色可以轻盈，但不要在奢华感和性感度上令你的女上司感到不适。

▲ 款式保守成熟，细节又有对方喜欢的风格才能投其所好。

同色系组合方案

方案 1

方案 2

穿出职场惯性和亲和形象的搭配方法

于公于私我们都免不了和女高管接触，如何迎合她们的衣着品味，不在细节上失误，职场新人都需要注意些什么呢？

穿什么,怎么穿

如果是私下和女高管外出，无论是私事或公事都要按照平时在办公室的穿着方式，不要有太大惊喜。女高管选择你作为出行同伴很大程度上是基于平时对你的判断，此刻不要让她"大跌眼镜"。

不在品质上"屈居第二"

你那套自以为相当低调、能突出女高管主角身份的套装对她而言却显得十分蹩脚、老土。记住，不要在品质上刻意"屈居第二"，也许你的朴实对她而言是简陋，你的让位对她而言是多余的奉承。记得在品质上坚持自我，女高管更喜欢时装品位能让她自豪的员工。

保持和女高管一致的风格

观察她的衣着，可在风格上适度迎合，在你们俩单独出现在外时，你们的风格阵营一定会让对方惊艳。衣着是一个人的门面，当你们风格一致时，会赢得更多的关注，在对外社交上是有益无害的。

衣不宜奢华, 但在得体高位的打扮得住

和女高管出行，你的打扮在一定程度上代表你的职业优越感，并和你的薪金、权势以及地位相关。老板都希望看到衣着得体的员工，因为这是公司形象的一部分，但又不希望她们显得过于拜金浮夸，和中层、基层员工应该呈现的形象不符。

认真打理自己的便装

如果女高管向你发出的邀请更多了，于公于私见面的机会更多，那么意味着你更接近公司的管理核心圈。这时你就该认真打理自己的便装，周五晚上以及周六周日，当你脱掉公司的制服后，需要更加得体、优雅、更符合交际圈的一致品位。

场合二：参加活力舞会

作为平凡的女生，我们可能遇不到需要穿着奢华皮草和戴着华丽珠宝的隆重舞会，更多的是好友齐聚、热闹非凡的周末舞会。这里舞池虽小但舞曲不断，同样也是时装达人的竞技场。

▲宝石蓝纱裙上的反光面料以及肩部的镂空设计都是充满亮点的舞会元素。

性感是赢得关注的武器，肩部的镂空让你的性感不刻意经心。

有趣的电子工业风格四色项链让你显得活力十足。

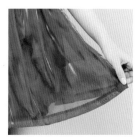

宝石蓝透光面料是心机之处，捕捉舞池中一切张扬跃动的光线。

场合搭配建议

反光面料会让你成为舞池的焦点，但全身都散发光芒会显得过火夸张。

同色系组合方案

方案
1

方案
2

成为舞池女王的穿衣方案

　　舞会的吸引力在于它的流行性，所以每个参与者都应该做出入时、摩登的打扮。太性感或者太华丽的装束反而不适合播放流行舞曲的舞会噢。

应避免暗哑的色彩

　　舞池的灯光一般比较昏暗，光线大多数是荧光色和霓虹色，搭配亮色系比较好，大地色、卡其色等色彩会让你沦为舞池背景。

即使是黑色也没有关系

　　如果对选择哪种颜色的服装没有把握，那就直接选择黑色吧。黑色能让你的皮肤成为全场焦点，并且不怕红酒或者其他有色饮料的"袭击"，一件黑色露肩、无袖的紧身裙足以让你有应接不暇的搭讪。

撞色永远称霸舞池

　　如果你觉得穿纯色不够新颖独特，可以选择红色与黑色、黄色与蓝色、绿色与玫红这样的撞色搭配。组合方式也有很多种，撞色方格、撞色条纹或者其他波普图案，会让别人无法忽略你的存在。

增加更具动感效果的元素

　　舞池的节奏是欢快、动感的，抢眼的色彩和闪亮的材质是必须的，如果你抗拒这些，可以在设计上安排一些具有动感效果的元素：例如流苏、铆钉或者羽毛，从细微之处加强肢体语言的幅度。

不要穿得太多

　　舞池是没有季节之分的，每个舞会派对现场都设有更衣间，你可以把准备好的衣服带去更换。最忌讳穿得太多，尤其是臃肿的下装，会让你预备要释放的热情统统没辙。

告别热恋期的情侣，作为女方要时刻为男友准备一些惊喜。当然也包括你的衣着改变，从一个只迷恋粉红色的女孩蜕变为钟爱清澈风格并柔情万千女子，一定会让他万分惊喜。

蓝色石纹项链是全身唯一的重点，提升了裙装的细腻度。

纤细的手链更突出盈盈一握的手腕，白色纯钻也能增添水蓝色裙装的光华。

双层多褶的裙摆里藏有女生最动人的身材，这是约会必选的元素。

▲水蓝色的雪纺裙更突出女生的美好本质，褪去绚烂外表让他留意你的朴实内心。

场合搭配建议

款式不要太复杂，颜色要柔和、具有气质，把对品位的追求放在配饰上。

同色系组合方案

方案 1

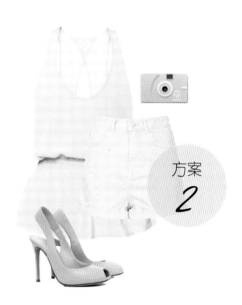

方案 2

通过衣着用"新"的你赢得他

女生眼中的"改变"往往是翻天覆地、把一切都推翻的变化,而男生更喜欢适度的变化,在不改变本来面貌上的进步会得到他的加倍肯定。

从穿衣开始改变体形

穿衣不仅仅是选择一件上衣或者一条裤子那么简单,更重要的是如何帮助自己的身材扬长避短。如果之前的你会为了一件衣服漂亮而买,现在就开始学会通过搭配一些看似普通的单品,达到优化身材的目的。男友作为身材的"观察员",一定会惊艳于女友的身材改变,而不是"瞧!我今天又买了一件新的衣服!"

给每个年龄的配色方案

每个年龄段都有符合其气质样貌的色彩,跨年龄层用色会导致很多的穿衣闹剧。你无法永远都是那个穿粉色就让他心跳不已的女孩,那么不妨尝试更多的颜色,选择更适合自己年龄段的颜色,多点试穿,听取意见,你就会得到最适合自己的答案。

不要在任何时候都卖弄性感

渴望为爱情保鲜,势必要做到面面俱到。光是不看场合卖弄性感,自然收效甚微。为自己准备几套性感程度不一的服装,在需要保守的时候"严阵以待",在私密的空间运用性感,才能让他既有安全感又对你的信赖无限升温。

为更多的场合搭配服装

随着交往的深入,你们不仅仅只会约会,你还会陪伴他出席更多的场合。见同事、见家长、参加朋友的生日会等等,不能是约会时小鸟依人的套路。你需要为更多的场合、更多约见对象准备服装,这是成为百变恋人最重要的一步。

场合四：为自己举办生日派对

每次生日会你就是最夺目的主人，怎么当好这个主人，怎么穿出凝聚力并且炒热派对气氛，配色和配件都担当着非常重要的责任。

▲ 没有红色的强势和粉色的软弱，玫瑰红是最适合人气主角的色彩。

不复杂的水晶吊坠耳环和多层珍珠项链都是增加甜美感的元素。

腰部若隐若现的镂空设计吸引眼球之余也不会惹人非议。

摩登风格的双色鞋因舒适的鞋跟方便自己爱唱爱闹。

场合搭配建议

色彩上敢于做主角，在款式上不需要太曲高和寡，整体必须是甜美亲和的，才能成为人气的主角。

同色系组合方案

方案
1

方案
2

驾驭焦点！不一样的主角穿衣术

举办生日派对，衣着不能随性。太奢华浮夸的装束只能成为最孤独的主角，只有大方乖巧的穿着才能被人簇拥。

让自己添彩占尽优势

如果你的身高和相貌在朋友圈中并不占优势，即使被簇拥在中间也无法成为焦点，这时可以运用色彩的力量——抢眼的玫瑰红、橘色、宝石蓝都是存在感极强的颜色，能一举奠定中心的位置。

时装化比正装更重要些

在这种年轻人云集的场合，相对端庄的打扮，时装化显得更重要一些。太显得工作状态的套装显然不合时宜，也不要太隆重，根据自己喜好的风格适度张扬一些，具备当下比较流行的元素即可。

足够大胆

如果你举办生日派对的目的就是——成为焦点，那么只需要遵守一条原则——大胆！这才是派对的态度。无论是一件极具代表性的出色单品，还是一种平时很少穿的张扬颜色，敢于做自己不同的一面，你就可以成为焦点。

有心计但不要没穿和力

好斗的人绝对没有好下场，因此不要让自己时刻保持头部上仰。根据你所邀请的朋友制订着装计划，不要让自己的装扮显得格格不入。否则平时苦心经营的好人缘就在此刻付诸东流了。

注意装束的背面

你是派对的主角和中心，顾名思义，现场就是一个以你为中心的、360度的环形舞台。所以你的顾虑恐怕要多出一样——考虑服装背面的美观程度。松松垮垮的布料，坐着产生的臀印，都有可能让你的形象打折。相反，穿着背面镂空或者臀部后开衩单品的人就显得上道多了。

▲典型的糖果哥特风，通过明与暗的对比，突出个人驾驭色彩的能力。

时尚聚会通常是展现个性的好机会，个性的色彩和设计会取代正统礼服，突出自己的时尚品味。此时在穿着上一定要注意：不要变成时装的奴隶，让全部的当红元素都悉数上阵的话会显得画蛇添足。

黄色的三角形耳环以骷髅头的小设计引人关注。

电子工业风格的链锁项链也是哥特风格的核心表现。

T恤上衣因为特别的袖部设计具备了张扬的特质。

场合搭配建议

不要刻意强调的时尚才是真时尚，确定统领风格的主体单品，其他配件可以不那么夺目。

同色系组合方案

方案
1

方案
2

让你的品位征服时尚派对

在时尚聚会上总是潮人云集，每个人都带着各自擅长的着装风格前来。如果你还没有找到自己的定位，没问题，临场救急措施可以让你不会在与高手过招中败北。

遵循主体低调配件高调的原则

主体可能是一件黑色的长裙，配件就选择繁复工艺的巴洛克复古项链。没错，主次序位已经不是你所想的那样，重次轻主的搭配方式会更加流行，而且出奇制胜。如果以往的你总是在选衣服或者裙子上花时间，这次不妨从配件入手，细节上的品位较量想必会赢得更加漂亮。

特殊剪裁化为别致

如果你对色彩和图案都没有感觉，那么选择带有特殊剪裁的服装一定不会出错。例如错位剪裁、拼接手法等，都能把一件寻常单品变得张力十足，当然穿着它的你也会变得耐人寻味。

廓形面前创意先拔头筹

时尚派对上的潮人，大多数会选择在色彩和设计上深耕细作，如果你没有把握比他们好，可以选择从服装的廓形入手。茧型、T型或者不规则轮廓会让你与众不同。纵观近几年的T台新作，不少大师也热衷在廓形上做文章，所以不愁曲高和寡，大胆地去尝试吧。

寻找别人看不出"出处"的单品

无论是什么时尚聚会都有这样的人，她们总是能从别人身上辨别名牌包的出处、丝巾的系列甚至是哪位设计大师的作品，所以不要成为别人最容易解开的题。尝试原创设计师的单品，淘有品味的古董衣，尽量避免名牌主打的系列，把那些通晓时尚来龙去脉的人都"蒙在鼓里"。

场合六：参加同学聚会

▲同时具备成熟与年轻特质的粉蓝色适合需要突出优越感的场合。

同学聚会上你还是当年那个默默无闻的年级差生？当然不！想要在同学聚会上网罗他人的羡慕，年轻、活力、不乏个人特色的穿着是心愿达成的关键。

精致的配件让浅色的衣着更加突出与成熟。

蓝色磨砂腰带增添了时装性，是整套装束成为焦点的关键要素。

商务和休闲两用的包包悄悄暗示了你的事业也如鱼得水。

场合搭配建议

穿着上侧重年轻的基调，但不要卖弄可爱，适龄的朝气感会让你显得风华正茂。

同色系组合方案

方案 **1**

方案 **2**

同学聚会上的穿衣方案

● ○ ● ●

　　一年一度的同学聚会简直就是一场没有硝烟的战争，当年互拼成绩现在较量品位，时刻不能放松。不论是希望在同学前扬眉吐气还是拓展人脉，你的着装决定了你是否能扳回一局。

选择让自己神采飞扬的颜色

　　不要把工作的疲倦感带到聚会上，如果聚会恰巧选在工作日结束之后，一定要准备一身较明亮的暖色服装，例如让气色上佳的绯红色或者令面容亮起来的玫瑰红等，亮丽温暖的颜色首先能为你一举赢得开场。

带一点职业色彩更有心计

　　职业是身份的符号，恰好你有一份值得自豪的职业的话，无妨在穿着中刻意提及这点。设计行业可选择新锐另类的单品、公关推广行业可选择品质感较强的套装、公职人员可选择时装连身裙，它们会在别人了解你的职业背景时为你加分。

随性中透露精巧的打扮是主流

　　同学聚会的主旋律是轻松随意的，很少会举办成奢华晚宴的形式。因此看似漫不经心、随性中透露精巧的穿着方式是主流。选择平时也能随意穿的款式，在细节上稍微呼应主题就好。

巧妙地掩饰身材变化

　　同学聚会上大家都会感慨岁月的流逝，似乎谁也无法幸免，但是你却依然拥有平坦的小腹和笔直的美腿，这一定比昂贵的限量版皮包令人艳羡。因此所选的服装尺码和剪裁都非常重要，围绕身材为核心去打扮自己，收获更惊喜。

周一：去看大师创作的油画展览

我们的衣橱里总会有一些不那么入时的过季单品，它们不能等着被时尚淘汰，利用起来吧，在一些特殊场合它们看起来会依旧动人。

本周为期 7 天的穿着都是通过这 8 件单品实现的噢！

【过季单品如何搭出新意组合】

关键词

80% 文艺
20% 知性

▲ 白色镂空 T 恤

▲ 粉蓝色拼接上衣

▲ 芒果黄 V 领束腰上衣

▲ 撞色碎花半身裙

▲ 比起盲目追逐先锋风格的欣赏者来说，朴实无华的穿着不但慧眼独具，更显得卓尔不凡。

▲ 高腰牛仔短裤

▲ 海军蓝不规则灯笼裙

▲ 浅黄拼灰色连身裙

▲ 灰白格子背心裙

周二：
为男友送去爱心早餐

关键词

70% 甜美
30% 俏皮

▲ 如果某件单品上的色彩显得旧了，就用更加明亮的色彩衬托，这样会起到增强饱和度的作用。

周三：
到老师家里做客

关键词

60% 乖巧
40% 恬静

▲ 粉蓝色搭配海军蓝是一对极富文艺气息的组合，它们能去掉一切浮躁，显得人平静、温和。

周四：
参加自组乐队的排练

50% 随性
50% 俏皮

▲街头风的穿着即使单品旧一点也更有味道，记得加上色彩夺目的配饰和鞋子，等于给全身"充电"。

周五：
参加学校组织的公益活动

关键词

80% 阳光
20% 亮丽

▲本身就能将双腿延长的牛仔短裤搭配束腰上衣更是强强联合，即使是平底鞋也无碍于傲人身高。

周六：
和同学参与创意市集

关键词

60% 恬静
40% 文艺

▲ 突出手工制作才女的特质，就要用天然的元素来打扮自己，例如纯棉上衣以及碎花小短裙。

周日：
和家人一起到公园散步

关键词

70% 闲适
30% 乖巧

▲ 舒适的质料和轻柔的色彩，穿出小女生专属的午后蓝调。

4 夏季色彩单品百搭穿法

一衣四穿单品 1：荧光黄背心裙

　　荧光黄的抢眼度一流，属于主角级的色彩，让人无法浅尝辄止。穿荧光黄的单品时最好占的面积在 50% 以上，你会知道勇于挑战它会吸引多少眼光。

方法 1: 突出美式校园风的装扮

荧光黄
+
粉蓝色
米黄色
浅橘色

方法 2: 芭比风格的配色方案

荧光黄
+
浅粉蓝色
黑色
白色

▲ "会呼吸"的配色一下子解除了夏季的炎热，让人感觉清凉畅快。

▲ 荧光黄和粉蓝色的搭配确实别出心裁，在性感的同时又有一份女生的活跃和灵动。

方法 3: 稍成熟一些的职场装扮

荧光黄

+

黑色

白色

米黄色

▲ 只要扩大黑色的面积就能让荧光黄不再可爱，而是变成极具现代感的颜色。

方法 4: 时髦的美式便装风格

荧光黄

+

普鲁士蓝

米黄色

黑色

▲ 带有紫色色相的普鲁士蓝能令荧光黄更独特，反射出一种超现实的美感。

一衣四穿单品 2：白色字母 T 恤

白色字母 T 是衣橱里最寻常不过的一件单品，几乎人手一件。不要以为白色只能和纯色相配，它可以让多色混搭的穿着方式更显简洁和凝练。

方法 1：舒适派的日系风格

白色
+
珊瑚色
普鲁士蓝
香槟黄

▲ 白色可以消解暗色对肤色的消极作用，让肤色显得白皙自然。

方法 2：更具活力的田园风格

白色
+
粉色
蔷薇粉
玫瑰红

▲ 白色可以使粉嫩的暖色看上去更加娇艳，越是有光泽的白色面料越能强化这种效果。

方法 3: 以随性为核心的牛仔风

白色
+
雪灰色
玫瑰红
浅橘色

方法 4: 突出轻便感的法式便服

白色
+
雪灰色
炭灰色
黑色

▲ 白色不难和粗犷一些的单品配对，相对的，还能用轻盈质感化解牛仔面料的硬朗和野性。

▲ 白色上衣和灰黑色雪花呢的下装是一对经典组合，白色的轻松感能巧妙化解粗花呢面料的厚重和成熟。

一衣四穿单品 3：碎花裙裤

　　人们往往以为碎花单品的穿搭难度最高，所有颜色似乎势均力敌，不分主次。但事实上无论碎花中有多少种颜色，依然会有一个视觉上最容易感受到的主色调，这个会成为你挑选其他单品时最主要的线索。

方法 1：甜美的韩系穿搭模式

矢车菊蓝

＋

浅蓝色

芽黄色

白色

▲ 首先抓住碎花中占据面积最大的矢车菊蓝色和芽黄色，再搭配同是水色系的浅蓝色和白色就能相得益彰。

方法 2：超越平凡的现代轻熟风格

矢车菊蓝

＋

白色

米黄色

芽黄色

▲ 白色什么时候当主角都能 100% 胜任，所以当你手足无措时，准备一件剪裁上足够担当亮点的白色单品即可。

方法 3: 帅气的西海岸女孩风

方法 4: 随性舒适的运动风格

矢车菊蓝

+

青瓷绿

芽黄色

白色

矢车菊蓝

+

薄荷绿

灰色

芽黄色

▲ 穿着方式有时候能改变色彩的属性，青瓷绿衬衣本来是恬静的，如果把衣摆系个结，立刻就能变为朝气外向的风格。

▲ 一件简单的灰色 T 恤把薄荷绿和碎花的几种颜色瞬间融合，不仅看起来更加自然，也更符合运动的主题。

周一、陪上级和合作伙伴的高层宴饮

白色不等于苍白，裸色不代表平凡，只要合理运用白色和裸色就能产生提升气质的效果。如果你的衣橱里有几件单品的色彩特别《不合群》，可以试一试搭配白色和裸色之后的效果。

本周为期 7 天的穿着都是通过这 8 件单品实现的噢！

【利用白色和裸色改变气质】

关键词

50% 知性
50% 优雅

One week look

▲ 珍珠粉色虎头 T 恤

▲ 米黄色蕾丝镂空上衣

+

▲ 民族风图腾圆领上衣

+

▲ 白色对襟钉珠外套

▲ 裸粉色蕾丝钻饰罩衫

▲ 象牙白中腰短裤

▲ 玫瑰红立体花苞裙

▲ 多种面料组成的白色套装，细看之下彰显低调的奢华，不喧宾夺主，也不寒酸廉价。

▲ 孔雀绿多片剪裁半身裙

周二：
和闺蜜到化妆品柜台试色

周三：
享受咖啡店的美味早餐

关键词

80% 个性
20% 俏皮

关键词

70% 舒适
30% 简洁

▲娇艳欲滴的配色让你更容易试出适合自己的颜色，别让自己看起来像蜗居在家的资深宅女，用颜色把自己点亮起来！

▲T恤和合身短裤的搭配让你放松全身，得以投入享受晨光之余，也顺利融入时髦街区的景致中。

周四：
在男友的厨房小秀厨艺

关键词

50% 大方
50% 甜美

▲脱掉外套，略带宽松感的上衣并不影响做任何家务，还能在轻便中感受细节散发的甜美感，为你加分。

周五：
到朋友新家玩电玩

关键词

80% 可爱
20% 自在

▲告别上班时不苟言笑的自己，利用粉嫩的颜色穿出学生时代的朝气感吧。

周六：
香槟晚餐庆祝男友升职

周日：
和闺蜜在商场换季血拼

关键词

70% 气质
30% 性感

关键词

80% 个性
20% 大胆

▲ 气质远胜一切，如果要去稍微正式一点的餐厅，要记住穿出气质感才符合高级场所的优雅情调。

▲ 难得的休息日一定要尝试自己最期待的配色，大胆的撞色让你看起来心情晴朗。

第三章

秋季塑造丰富色阶

卡其色、大地色充斥眼球的季节，你的对策是随波逐流还是绝不跟风？
即使是沉闷的颜色，也可以通过特别的穿搭模式将调性完全改变！
别让你的搭配自信和落叶一样凋零。
现在起，勇于尝试更令人惊喜的色系！

1 秋季色彩视觉盛宴

焦糖棕 ●●●●●●●●

温暖的焦糖棕无论用什么质料展现都能散发品质感，它文艺、内敛，显示文化和时间的积淀。相比其他单薄的色彩，焦糖棕是温暖感的最直接体现。

芥末黄

代表秋季阳光中最亮丽的一道光线，它是秋季最明艳照人的颜色。其中既有黄色的动感，又带有芥末色的冷静，一动一静调和出中立的芥末黄。

枯草色

枯草色最接近于白，因此它的色彩基调里有白的冷静和端庄。注入浅粉和灰色之后，枯草色在现代风格和复古腔调之间更游刃有余，成为一种极受欢迎的视觉系色彩。

森林绿

进入秋天的绿色开始变得凝练、饱满，森林绿就是如此，仿佛是好几种绿的叠加效果，绿得更纯粹更有力。森林绿是极能和设计融合的，无论是现代风格的剪裁还是复古基调的设计，都能融会贯通仿若一派。

2 秋季穿搭的色彩学法则

　　随心所欲并不能让色彩们"和谐相处"，依照一定法则才能让它们乖乖听话。穿搭衣服不能靠偶然的灵光一现，会使用穿衣法则和色彩公式才能成为用色达人。

咖色系小面积使用才减龄

● ● ○ ○ ○ ○ ○

100% 配色方案

橘色
25%

浅咖色
25%

驼色
50%

色彩学法则

　　浅咖色和驼色都是大面积运用会显老的颜色，因此在挑选单品时一定要注意颜色所占的比例，最深色不可超过50%。另外这两种颜色如果转用柔软的布料（雪纺、薄棉）来表达，也会减轻显老度。当然最立竿见影的做法是选择一条暖色围巾作为主动色，用在靠近面部的位置，提亮全身。

相近色彩搭配方案

▲ 甜度刚好的装扮竟然是由几个并不粉嫩的颜色构成，搭配的巧思原来全在用色比例上。

色彩学法则

　　卡其色本来属于较黯沉的颜色，但是出现深咖色和深灰色的对比之后，卡其色竟然变得柔美起来，基调也出现 360 度的转变。为了让三个深色的组合不显浑浊，加入白色作为内搭也是聪明之举。

相近色彩搭配方案

100% 配色方案

浅卡其色 20%

浅咖色 20%

驼色 60%

▲ 只要运用得当，卡其色也可以变得甜美起来。

不太敢尝试的艳色可碎块化使用

100% 配色方案

珍珠白
70%

西瓜红
10%

黑色
20%

相近色彩搭配方案

色彩学法则

　　珍珠色最适合用来提升东方人肤色中的白皙度，而唯一的艳色"切割成块"后有助减低色彩的饱和度，融入珍珠色后又能得到色彩质感的提升，属于相得益彰的组合。最后在下装、鞋包上辅以黑色，就能取长补短、完美秀出你的色彩理念。

▲呈几何方块组合的艳色虽然所占范围很大，但是并没有太张扬，反而因这种组合方式而变得出彩。

"亮色提升"、"深色下沉"原则

色彩学法则

只要认识到"亮色提升"、"深色下沉"的色彩特质就不难用好颜色。深浅两色的分界线刚好与腰线吻合是最好的，因为这样能迅速延长下半身的长度，深色位于下方能产生"稳"的视觉效果，给整套穿搭赋予了合理性。

相近色彩搭配方案

100% 配色方案

三色堇紫
40%

深灰色
40%

黑色
20%

▲ 泾渭分明的色彩组合方式产生的是鲜明、时髦的效果，色彩对阵之下风格就从中诞生了。

097

色彩的呈现面积决定其呈现效果，有些颜色并非大张旗鼓才是美，反而有取有舍才能获得最高评价。

本周为期 7 天的穿着都是通过这 8 件单品实现的噢！

【通过控制色彩面积穿出多变性】

One week look

关键词

50% 贵气
50% 轻快

▲ 白色浅金条纹上衣

▲ 橘红色针织衫

▲ 灰色竖条纹中裤

▲ 暗花图纹外套

▲ 茉莉黄不对称上衣

▲ 白色半身裙

▲ 红色九分裤

▲ 浅灰色长款外套

▲ 黄色是贵气的颜色，茉莉黄色彩更突出上衣的上乘质感，和微奢风格的半身裙搭配，驾轻就熟突出女生的品位指数。

周二：
拜访学姐的新家

▲ 裤装很适合在拜访不是太熟的对象私宅时穿着，表示恰如其分的尊重和重视，也不会显得过于松散随意。如果担心太像职业装，可以选择颜色活跃些的裤装。

周三：
和男友在西餐厅小聚

▲ 不仅可以佩戴粉色项链突出约会的心情，重点是穿上俏丽的小短裙以示自己"今晚有约"。

周四：
拜访朋友新开的画廊

关键词

30% 大胆
70% 现代

▲ 大胆地将黄色、橘色和红色组合，展现强大的色彩能量。以饱满激情的用色方式展现最简单的剪裁方式。

周五：
到户外餐厅和朋友浅酌

关键词

50% 复古
50% 个性

▲ 秋季的夜晚温度很低，因此长袖长裤的装扮最得宜。以文艺风格度过悠哉的慢拍时光，选择复古花纹外套是上上计。

周六：
步行到书店买书

周日：
到花卉市场采购

关键词

70% 随性
30% 活泼

关键词

80% 闲适
20% 活跃

▲ 舒适的浅灰色将黄色的躁动感减轻，条纹裤装的参与让整套装束看起来轻柔、毫无心计。

▲ 压力别来的周日就让自己最大程度放松，上下身都选择尺寸宽松的单品让身体自在呼吸。

3 秋季色彩场合搭配范例

场合一：参加公司举办的客户招商会

需要谈论商业计划且兼顾社交的场合不宜穿得太正式，同时因为并非隆重的酒会也不要采用过于浓重的颜色，突出年轻活力感的浅卡其和黄色很适合这种气氛活跃的场合。

浅紫色项链起到恰到好处的装饰作用，为中高领上衣增添亮点。

杂色花呢的材质，为小外套增加微奢元素。

最接近皮肤颜色的杏色单鞋能起到延长双腿的效果。

▲ 柔和清淡的卡其色和黄色就像油画中成熟的作物，不仅有欢快的感觉，也传达出自信沉稳的一面。

场合搭配建议

穿采用正装剪裁的衣服，但选择轻柔可爱的色泽。廓形上注重正式感即可，用色上不要太中规中矩。

同色系组合方案

方案
1

方案
2

社交场合穿衣误区

●　●　●　●　●

客户招商会、商业推广会、客户答谢会……参加这类注重商业性和联谊性的活动时，职场新人应该注意哪些误区？

穿着灰黑色的职业正装

职业正装传达的是明确的商业目的，有悖于轻松的社交氛围，容易让你的客户产生距离感，反而不利于增进友谊和交流。建议选择正装裁剪、色系柔和的合身套装，既保持了着装上的统一性，又不会形成"业务专员"的刻板印象。

选择过于强势的颜色

纯正的金色、冲突感强的正红色、带有光泽的黑色都是"强势颜色"的代表，在这种上级、同事、客户都围绕在旁的场合，建议用柔和的颜色弱化自己，不要让自己变得突出、过于高调。

以华丽轻佻的装扮出现

亦商亦娱的场合作为女性职员一定不要尝试太华丽性感的装扮，避免客户对你的角色产生"误读"。做到根据活动内容来搭配自己的衣服，侧重商业推广的场合穿着尽量简约大方，侧重娱乐欢庆的场合可选择保守一点的小礼服。

穿着华而不实、不易行动的服装

还是职场新人时最忌讳没有服务意识，招商推广会旨在服务客户，不要把自己"错当主人"，在穿着上选择过于突出、不便行动的衣服。因为大部分的时间职场新人必须忙碌奔走，服装上的不便会让上级对你的印象大打折扣。

不事先调查就胡乱穿衣

如果不想穿错衣服，最好事先打听活动的举办地点、规模以及场布风格，然后根据上述因素选择自己的着装。由于现在的推广形式越来越多，不事先打听好就胡乱穿衣，很有可能会被上级指派到后台"雪藏"。

出差的衣着以轻便为主，考虑到离开机场后还有一些商务接待，所以穿衣不能太过随便。略宽松一点的浅驼色外套是征战商务场合和休闲场合都通行的利器。

▲秋天也不要穿得太过黯沉，浅驼色上妆和蓝灰色下装会让秋天的愁绪没那么重。

纯金色饰品用对了图案和形状就是复古的典范。

碎花布艺做的小花可以为西装外套增添趣味元素。

琥珀金色耳环突出肤色的光泽感，点亮整体造型。

场合搭配建议

为了乘机舒适穿宽松的上衣时一定要搭配亮色内搭，否则会给人相当沉闷的感觉。

同色系组合方案

方案
1

方案
2

出差时的穿衣误区

● ● ●   ●

出差都想尽量携带舒适的衣服，可是却忽视了皱巴巴的运动服或者宽松的休闲装会留下不专业的印象。在出差时带衣服究竟有哪些误区呢？

选择过于粉嫩跳跃的颜色

经常出差的通常属于外勤人员，切忌把自己打扮得过于感性或者过于女性化。为什么有的企业给外勤人员定制服装时都青睐藏青色或者浅驼色，因为这些颜色有助平复情绪、调和濒临冲突的气氛，最终有助外勤人员的工作。所以在选择出差的服饰时，尽量不要选择过于粉嫩和跳跃的颜色。

易脏或者不易清洁的材质

奔波劳顿、风尘仆仆是出差的主题，携带衣服时必须考虑这一点。会看出不雅汗渍的白色、易突出头屑和灰尘的纯黑色、让疲劳倦容更突出的灰色都不是首选。最好携带耐脏且永远经典的大地色，或者选择不易落灰的光面 PU 材质。

上下装都宽松

不可否认，上松下紧或者上紧下松的打扮都有法子让人看起来很利落，但上下都宽松的款式是绝对不行的。没有线条就等于放弃了风格，过于松懈的状态不适合异地出差时的打扮。

穿着职业装去出差

单独个人或者三四人成行到外地进行商务会见时，如果不是重要的商会，尽量都不要穿着正式的职业装前往。突出品位并且能恰当表现个人风格的打扮将利于对方把你记住，匆匆一面也能留下好印象。

不能产生多种组合的一件式单品

建议携带好搭容易配的多件单品，可以通过上下装的变换，形成不同风格的穿搭组合。切忌不要都带一件式连体单品，不仅不容易清洗，也会给人留下不换洗衣服的邋遢印象。

去喝下午茶时要如何穿衣绝对不是轻松的穿搭命题，如果你分不清楚"轻奢"和"奢华"的界限，只要微微过界就会让自己大出洋相。

▲ 不要急于用大件皮草突出财富，装饰在围领上就足以点石成金。

皮草不代表成熟，奶茶色是年轻女生的专属选择。

充满了高街感的银色几何手镯会让潮味突显出来。

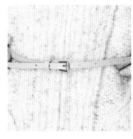

亮黄色的注入是时装形式感特别强的一种搭配法。

场合搭配建议

让奢华从细节中体现，控制呈现的面积是关键，会"藏"才能有光芒。

同色系组合方案

方案
1

方案
2

下午茶时间的穿衣误区

下午茶不是一个简单的休闲场合，在更多时候它是和展现品位、彰显气度结合在一起的。如何将精致微奢感融入休闲之中，你陷入过哪些误区？

掉进季节性情况里

虽然这个季节的货架上鲜艳颜色的单品并不多见了，我们还是可以利用一些亮色的配件，把整套衣服的灵魂挖掘出来。一条色调明快的腰带、一个维他命色调的手包、一个具有反光效果的手镯，都能让黯淡的你重新亮起来。

上下一致穿成一个颜色

即使你买的是现成的套装，尽量也让上下装分开搭配。按照一个颜色出牌，会被视为仿照橱窗模特的穿搭，不仅品牌风格痕迹重，也不容易突出个人的穿搭情商。如果你买的不是套装，那么更不应该把两件颜色一致的单品组合在一起，这并不是高招，难度如同拼积木。

重量级单品堆叠上阵

生怕自己看起来太灰姑娘，也不要把自己打扮成金库。大件皮草、硕大珠宝、一件式亮片装、重量级手拿包这些单品任意一件都足以独当一面，切记不要共冶一炉。

超出年龄的奢华感

年轻不等于不能享用奢华，只要用对方式。轻盈的奢华也是热门词条"轻奢感"所想表达的东西——轻便、明快、品质，善于将奢华元素进行更细腻的表达，从中最好糅合一些高街单品，在实穿性中突出价值感和设计的含金量，不要直接粗暴地表达对品牌和奢华元素的追求。

想要变得更加淑女却适得其反

尤其是西式下午茶，很容易倾向大家闺秀的打扮，最终流于俗套。无论潮流的风向如何改变，简约经典是永远不褪流行的，虽然下午茶是纯粹的女性聚会，也不要把各种甜美元素疯狂地堆砌到身上，把自己打扮成翻糖蛋糕。

107

不要以为上班就必须庸庸碌碌，在穿着上尽量低调内敛，而去选择一些太沉闷的颜色。大部分老板都喜欢充满活力、张弛有度的员工，当你看上去精神饱满时，老板们会更加肯定你的工作表现。

▲ 充满正能量的钻蓝色外套作为一剂强力能量剂注入到原本沉闷的秋季氛围中。

黑白双色的三角形耳环为整套造型注入流行符号。

搭入天蓝色几何造型项链，目的是给整体造型提亮。

短靴选择成熟的勃艮第酒红色，目的是在配件上强调女性的特质。

场合搭配建议

在绿、蓝、红色系中选择刚柔相济的正能量色，会大大增助职场运势。

同色系组合方案

方案
1

方案
2

树立职场形象的穿衣误区

● ● ● ● ●

　　需要树立专业干练的职场形象，不能丢失自己的"个人符号"，随大流式的穿着或许不会出错，但也不会让你等到惊喜的转折。在职场通勤穿着上你都犯过什么错？

选择不符合年龄的颜色

　　灰白黑有些时候并不能助新人打入成熟之流，反而会让新晋的同辈与之疏离。建议选择适合自己年龄阶段的颜色，例如钴蓝色、普鲁士蓝、芥末黄、卡其色、橄榄绿、常春藤绿这类既适合职场又属于年轻人的颜色。

过多地穿着 的红色

　　经常穿着红色、橙色服装的人被认为具有冒险精神和个性奔放，但冲动易怒和变幻无常的性情对职场运势不利。尤其是与上级见面的场合，尽量不要穿着红、橙两色，避免造成冲突或者误解。

职场新人应避免"木质调"的颜色

　　苔藓色、黄褐色、灰绿色这种接近原生木质色泽会令人看上去松弛、惬意，因此较多用在家居服上。职场上的服装如果多采用这些颜色会令人看起来太松散、慵懒，和节奏快速的职场氛围不符。尤其是新人应该避免穿这类木质调的颜色。

频繁以撞色出现

　　如果你所就职的公司不是允许多元个性化发展的创意类、公关类、设计类公司，而是传统的业务公司，那么尽量不要以大面积色块的撞色搭配出现。撞色虽然吸引眼球，但却会给人压力，不是一组适合长时间相处的色彩方案。

身在"节奏较快"的岗位仍然穿冷色

　　白色、灰色、浅蓝色是三种不宜让人集中精力的颜色，长时间在这些色彩的影响下人会变得平静、不进取。如果你就职的是工作节奏较快的岗位，最好不要穿这些颜色，避免给上级及同事留下不麻利、拖沓、懒散的印象。

逛街购物不仅要舒适自在，轻便易脱的单品也便于你随意试穿，不会在穿脱上造成太大的麻烦。轻便的短打装束，以健康透肌的奶茶色镂空上衣为主，让人看起来既年轻又随性。

▲奶茶色会让亚洲女生的皮肤显得剔透白皙，这是它经久不衰、持续流行的秘密。

充满民族元素的吊坠让宽松式上衣充满高街味道。

编织纹挎包应选择抹茶色呼应上衣的奶茶色，打造甜心一般的质优感。

在勃艮第酒红短靴中露出一小截麦色的短袜，使年轻指数一再攀升。

场合搭配建议

把最百搭的单品和颜色穿出去，你会体验到试衣搭衣的效率更高。

同色系组合方案

方案
1

方案
2

休闲购物时的穿衣误区

逛街购物不全是"私事"，如果你穿着寸步难行的高跟鞋和窄身裙，不仅会让自己看起来"很累"，同伴也要一同遭殃。你注重过休闲购物时的穿衣误区吗？

选择易脏的色系

逛街血拼不能和醇酒美食割裂，浅色衣着如果遇到果汁、咖啡渍等无疑会让今天的行程中途暂停。浅色不仅易脏而且更容易显现褶皱，建议不要选择。

穿搭连体的着装

除非今日的行程里没有试穿新衣，否则穿脱连体式的衣服会让你的妆容和发型都毁掉大半。最聪明的做法——上装选择领口宽敞或可开襟解扣的单品，下装选择可随意套上裙子的窄裤或者贴腿袜，鞋子选择无系带款的套踝靴。

触感粗糙或摩擦的材料

柔软的棉质、富有弹性的莱卡以及舒适亲肤的动物毛线都适合天气清爽的秋天，这些材质才真正可以解放身体。粗糙的牛仔布、摩擦系数大的厚麻、厚重的皮革绝对不适合长时间步行。

为追求舒适盲选运动服装

把运动服穿来购物是许多人经常误入的穿衣误区。出发点是舒适性没错，可以选择类似 Y-3（阿迪达斯旗下品牌）、Lacoste（鳄鱼）、Dsquared2（D 二次方）这类将前沿设计融入运动装束的品牌，在舒适性这个老命题中开启新的时尚主义。

不讲究比例的穿搭方式

为什么总是买不到好看的衣服？看看你的下装、袜子以及鞋子搭配的比例对了吗？太宽松、茧型的裤子、松弛的中统袜、平底肥大的鞋子都会让你的比例迅速丢失，即使已经把好看的衣服试在身上，也无法看到理想的效果，自然败兴而归了。

▲ 明亮的鹅黄和鲜嫩的薄荷蓝创造阳光开朗的正面效应。

要想融于男生专属的运动圈，女生不能用中性的概念打扮自己。把自己打扮成男生也不明智，最聪明的做法是让标榜女生的可爱色泽融于中性单品中。

荧光绿图案的贝雷帽突出每个女生天生就有的搞怪个性。

仿佛能洗涤一切不快的薄荷蓝拥有超强的视觉治愈效果。

为避免穿着得过于甜美，运用学院风格的过膝袜及黑色长靴注入轻金属节拍。

场合搭配建议

别让户外运动的激情用黑色《关》起来，虽然黑色很中性，但运用的面积不要太多。

同色系组合方案

方案
1

方案
2

运动时的穿衣误区

明明打扮一新来到运动场，却被男友视作娇气罚守看台，没有参与感怎么办？人的穿着会引发他人各种不同的解读信息，你今天的穿着发射的信息是对的吗？

"粉色装扮" = "我不适合剧烈运动。"

粉色是和娇滴滴直接画上等号的颜色，粉色能激发保护欲和同理心，使得他人不会勉强你参与到群体活动中来，所以穿了粉色就别怪别人罚你留守看台。

"紫色装扮" = "我很小资文艺。"

紫色代表着格调、品位和小资，通常是需要安静的空间或者居室会选择用紫色来布置。如果今天你恰好穿了紫色前来，那么别人不会轻易来鼓动你参加激烈的运动。

"白色装扮" = "别带上我。"

白色意味着精良、考究、敏感、得体，除了时装发布秀需要的设计之外，很少运动装能运用大面积的纯白色。白色有很多种色彩语言，在外向性的运动场合，相比热情的红色、黄色及绿色，白色代表的是抗拒、拒绝和冷漠。如果你希望不要总是被排斥在场外，那么就少穿抗拒性强的白色。

"黑色装扮" = "我很强。"

黑色在竞技类运动中通常表示较高的段位和权威，如果你只是普通的一分子，黑色又不是约定的穿着的话，尽量把这个颜色留给教练、裁判、队长或者其他在这个团体有更高地位的人。

"红 / 黄色装扮" = "今天我为此而来！"

红 / 黄色是包含热情以及激情的颜色，饱和度越高，情绪性越强。无论你是参与其中的队员还是旁观的啦啦队，红 / 黄色都能让你看起来精神百倍并因此深受欢迎。

"蓝 / 绿色装扮" = "享受今天的气氛！"

蓝色、绿色都是大自然主义者的代表色。穿着这类颜色的人可能相对较平静、理性，但也不缺乏热情和关注度。如果你参与的是一项多人运动，最好穿蓝 / 绿色的衣服来减轻竞技的紧张氛围。

周一：参加最受欢迎老师的选修课

挣脱"秋季就必须穿大地色"的色彩桎梏，勇于尝试一些新的色彩吧！从夏季灵动跳跃的色彩空间走来，这个秋季迈向成熟和质感是主要方向。

本周为期 7 天的穿着都是通过这 8 件单品实现的噢！

关键词

80% 保守
20% 甜美

【通过跳跃的彩色穿出秋季活力】

One week Look

▲ 浅蓝色衬衣

▲ 孔雀绿针织衫

▲ 紫蓝色毛衣

▲ 浅卡其色短裤

▲ 茉莉黄不对称上衣

▲ 蓝色半身裙

▲ 黄色针织外套

▲ 浅灰色长款外套

▲ 在圆领上衣中露出领子的做法呼应校园风格的穿衣命题。浅卡其色放在下半身也因为接近肤色，会让人看起来比较挺拔、富有活力。

周二：
参加新生欢迎舞会

周三：
参观学校各社团活动室

关键词

70% 甜美
30% 热辣

关键词

80% 率性
20% 乖巧

▲ 炫目的蓝色会成为舞池上记忆点最强的色彩，又比艳丽的玫红和红多了一点内敛，适合初入校门的大一新生。

▲ 把浅蓝色自然地搭在肩上突出休闲风，缩小绿色的深色范围，又让裙子的黄色显得更加柔和。

周四：
到学校的图书馆借书

关键词

90% 知性
10% 个性

▲ 用浅色覆盖深色的做法能有效收窄体型、开襟的款式也能起到"减小尺码"的视觉效果。

周五：
和心仪的对象约会

关键词

70% 可爱
30% 柔美

▲ 上深下轻的色彩布局能推高重心、拉长身材比例，如果所穿的鞋子必须是深色的话，下装最好选择浅色，将两种深色隔开。

周六：
到大公司参加见习面试

关键词

50% 知性
50% 自信

▲ 浅驼色本身就是经常用到的通勤色，内搭里加以更年轻的浅蓝色和黄色辅助，让面试的主题不模糊之余，也突出了应聘者的年龄阶段。

周日：
为学校的篮球队助威

关键词

80% 活力
20% 个性

▲ 高纯度的绿色和蓝色并用迸发无限的活力，宽松的针织衫搭配充满朝气感的伞裙，迅速将整套装束的活力炒热。

4 秋季色彩单品百搭穿法

一衣四穿单品 1：深蓝色开襟外套

深色作为最外层的主色能起到收缩效果，加以其他辅助色彩，能展现适合不同场合的风格基调。如果担心自己每次都不能很好地规划色彩，可以采用"1 主色 +3 辅色"的模式来搭配单品。

方法 1：以甜美风格为主的穿搭

深蓝色
+
白色
浅蓝色
浅紫色

方法 2：突出学生气质的装束

深蓝色
+
灰色
米色
黑色

▲ 将三种轻柔的浅色作为内搭，材质选择更柔软的雪纺和纱，质感上中和了较粗线条的毛线编织感，柔软取胜。

▲ 质朴清雅的米色和灰色都能将蓝色变得更加理性。呢子和毛线的触感也让色彩的伸意超出平面，具备立体细节。

方法3：具有小女人情调的穿着

深蓝色

+

米色

浅紫色

深紫

方法4：能穿出干练形象的套搭模式

深蓝色

+

白色

黑色

银色

▲ 接近肤色的米色是最常用的内搭颜色，能起到净化其他配色的效果。麂皮亮面鞋头的时装短靴令这套温和的装扮多了一些时髦元素。

▲ 质朴清雅的米色和灰色都能将蓝色变得更加理性。呢子·毛线的触感也让色彩的伸意超出平面，具备立体细节。

一衣四穿单品 2：紫色七分袖上衣

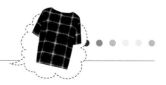

　　紫色是秋季货架上频繁遭遇的色彩，它既有蓝色系的深沉内敛感，也具备暖色系活跃、明朗的特点。紫色和冷色搭配会显得现代、时髦，和暖色搭配则会变得柔和、可爱。

方法 1：突出活力现代感的装束

深紫色
+
白色
银色
紫红色

方法 2：完全倾向甜美风格的打扮

深紫色
+
白色
奶油色
浅紫色

▲ 紫色作为深颜色的基色，会更突出银色的金属感，令包包和短裤都成为视觉的关注点。

▲ 质朴清雅的米色和灰色都能将蓝色变得更加理性。呢子和毛线的触感也让色彩的伸意超出平面，具备立体细节。

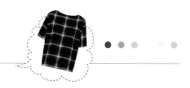

方法 3: 侧重韩系日常穿搭风格的装束

深蓝色

+

驼色

湖蓝色

黑色

▲ 只要在选择下装时寻找有相同色彩的单品，无论占的比重多少，都可以形成不同程度的呼应，达到上下连贯的效果。

方法 4: 以简洁为主线的穿搭模式

深紫色

+

白色

黑色

深蓝色

▲ 想要实现简洁至上的穿衣思路，一定要用最直观的方法呈现衣服的色彩、设计和剪裁。放弃束腰穿法，以九分裤修饰过的修长双腿来表现。

一衣四穿单品 3：赭黄色短裤

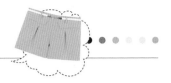

赭黄色是秋季色彩中相对较活泼的颜色，它介于土黄（深色）和鹅黄（最亮色）之间，是典型的中间色。而中间色是最容易和深色、浅色组成完美搭配的。

方法 1：以休闲风为主的穿搭方案

赭黄色
+
白色
橄榄绿
黑色

方法 2：深受年轻女生欢迎的自在穿搭

赭黄色
+
白色
黑色
洋红色

▲以最简单的黑白穿出赭黄的休闲感，橄榄绿的运用是增添季节特征的色彩伏笔，使整套装束更契合季节主题。

▲卫衣搭配短裤及马丁靴的模式可复制在每位年轻女孩的身上，性格鲜明的洋红色令赭黄色洋溢活跃的一面。

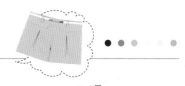

方法 3: 展现微微轻熟感的搭法

赭黄色

+

深紫

香槟黄

珍珠色

方法 4: 表达文艺腔调的整体方案

深紫色

+

白色

深蓝色

深紫

▲ 珍珠色是柔和色彩中的典型代表，比粉色更易于和黄色系"沟通"，也能调和以及改善肤色，是质感穿着的首选色。

▲ 深蓝色作为紫色的拓展色，很容易与之搭配。在比例中加入万能白色，更突出色彩的纯度和个性来。

周一：下班结束后和朋友小聚

不仅几种色彩可以形成截然一新的组合，色彩和图案之间亦能展现多样化的搭配方式。格纹、千鸟格、巴洛克图案是秋冬季较常见的图案，你找到它们和色彩之间的最佳组合方式了吗？

本周为期 7 天的穿着都是通过这 8 件单品实现的噢！

【图案和颜色之间该如何配合】

关键词

50% 知性
50% 休闲

One week look

▲ 白色针织上衣

▲ 深蓝混银色毛衣

▲ 黑色卫衣

▲ 白色茧型裙

▲ 千鸟格短裙

▲ 深灰色格子中裤

▲ 浅蓝色外套

▲ 海军蓝外套

▲ 黑白色英格兰格纹突出个性中的亲和特质，大胆用亮蓝色中袜来搭配，小范围尝试混搭的乐趣。

周二：
和上级到合作公司商洽

关键词

70% 干练
30% 个性

▲ 千鸟格图案让原本柔和的浅蓝色显得理性大方。整体呈现出干练的气质，得益于现代风格剪裁的外套。

周三：
带新同事参观公司环境

关键词

60% 亲和
40% 活泼

▲ 混入其他杂色的蓝色颠覆理性的平衡，和黑白一起实现现代风格的转化。

周四：
参加朋友的生日聚会

周五：
陪男友到他父母家吃饭

关键词

90% 个性
10% 大胆

▲ 存在感极强的海军蓝将黑色卫衣的沉闷感驱逐一空，千鸟格纹和复古巴洛克图案马上形成有趣的混搭效果。

关键词

50% 简洁
50% 大方

▲ 白色单品的好用度不言而喻，图案太过突出的连衣裙可用镂空白色上衣略加遮挡。

周六：
参加公司的培训学习

周日：
打扫卫生的家庭日

关键词

80% 干练
20% 随性

关键词

70% 舒适
30% 可爱

▲ 风格突出的巴洛克图案可作为内衬使用。外套扣襟，有时候随性就是让色彩的表现方式更直接一些。

▲ 单纯的深色组合肯定会显老，但是经过混织还有格纹的设计之后，深色也会变得可爱不老。

第四章

冬季实践色彩智慧穿搭

北风萧瑟，冬天毫无美感可言？！
别再用温度当借口！冬季一样可以完美出镜。
针对冬季出现频次的色彩制订不同的穿搭计划，以小见大突出多层次、多元化穿着！
冬季一样可以实践多色彩穿搭，天气虽冷，别让你的品味也冬眠了。

1 冬季色彩视觉盛宴

复古红 ●●●●●●

最有"故事性"的颜色，像是封存多年的佳酿，自然百味浮现。它可以肤浅轻狂，可以保守自持，也可以强势自傲，甚至一鸣惊人，无论怎么穿都是重磅炸弹，让众人屏住呼吸。

祖母绿

天气渐冷，女士们也把目光转向更为深沉浓郁的颜色，不想被黑灰套牢的，大可选择祖母绿。在珠宝领域，祖母绿代表着罕有、珍稀，对色彩而言，祖母绿意味着优雅、高贵，沿袭了珠宝领域的赞誉。

雪地灰

灰色属于多面向的颜色，既有冷峻的个性又具现代的动感。其中雪地灰属于偏暖色调的灰调，偏暖的灰调更适合亚洲女性的肌肤，因为她们大部分都属于暖色肌肤，雪地灰更容易承托出白皙的肌肤。

优雅驼

驼色等于优雅、经典、底蕴、历久弥新，冬季衣橱中少不了几件线条简约、亲和提气的驼色单品。驼色提升了甜蜜温暖的基调，突出古雅怀旧的气质，同时有着与生俱来的适应力，和很多颜色都能愉快合作。

2 冬季穿搭的色彩学法则

冬季不意味着单调、沉闷，有些高频次出现的"冬季色"可以通过巧妙的搭配来化解僵局。

哑色必须通过细节提高品质

100% 配色方案

朱红色
40%

黑色
30%

炭灰色
30%

色彩学法则

饱和度高的暗调色彩容易造成"穿旧衣"的错觉，使穿着的人看起来成熟老气，必须通过下列方式来化解：选择一些具有年轻气息的面料，例如漆皮、花呢等；增加一些可称为亮点的多切面饰品，用来捕捉光线，提升哑色的质感。另外妆容上也要避开裸色配色，避免整个人显得黯淡无光。

相近色彩搭配方案

▲ 朱红色搭配黑色、炭灰色本来是较沉闷的配色，因为有了项链、胸针及手包上的"亮点"而变得精致崭新。

用光泽感面料搭配，冬季也能穿好荧光色系 • • • • • •

色彩学法则

跳跃的荧光黄成为沉闷冬季的一剂强心剂，甘当配角的黑色和深灰色对提高品质感贡献颇多。

相近色彩搭配方案

100% 配色方案

荧光黄
60%

黑色
15%

深灰
15%

▲跳跃的荧光黄成为沉闷冬季的一剂强心剂，甘当配角的黑色和深灰色对提高品质感贡献颇多。

用杂色搭配卡其色系更相得益彰

100% 配色方案

- 卡其色 70%
- 深棕色 20%
- 米黄色 10%
- 浅西瓜红
- 紫色

色彩学法则

卡其色属于中性色系，能将其他轻柔的颜色变得硬朗、摩登，赋予新的色彩调性。如果你认为花色看起来太俗艳缭乱，用稳重不失摩登感的卡其色可以力挽狂澜。当然大地色也是卡其色的好伴侣，两者交叉搭配的效果从无问题可言。

相近色彩搭配方案

▲ 卡其色强化了花色硬朗、现代的一面，将原本属于春夏季的花色在这个季节显得时髦而摩登。

灰色系和草色系是冬季屡试不爽的主流搭配

色彩学法则

灰色系和草色系与冬季大自然的现象都比较接近，因为属于高频次出现的色系。象征雪和霜的灰白色，搭配象征枯草的桔梗黄，两者混搭能突出简洁大气的气质。这两种颜色都属于相当有灵性的色彩，与冬季的季节调性是一致的，因此很容易搭配在一起。

相近色彩搭配方案

100% 配色方案

雪灰色 50%

草灰色 30%

桔梗 20%

▲ 柔和高雅的中性灰色因为温暖的枯草色而又甜美起来，本是阔型的开衫也因为腰带而把身材映衬得错落有致。

周一：寒假到朋友家做客

　　红色、蓝色分别是暖色系和冷色系的经典代表色，在一周穿搭中如何运用红、蓝这两种冬季的常见色，充分考验了穿衣达人的搭配功力。

本周为期7天的穿着都是通过这8件单品实现的噢！

One week look

关键词

80% 休闲
20% 明快

如何用好冬季常见的红蓝色系

▲ 白色长袖T恤

▲ 波纹针织上衣

▲ 红色波纹卫衣

＋

▲ 红色喇叭裙

▲ 宝蓝色伞裙

▲ 红色九分裤

▲ 浅蓝色呢子长款大衣

▲ 宝石蓝开襟毛线外套

▲ 喇叭裙的廓形将红色赋予轻快之感，波纹化的红色也更加年轻现代。红色系的这种搭配直接打破"一片浅色＋一片深色"的搭配格局，穿出新意感。

周二：
去学习油画

60% 文艺
40% 大胆

▲ 只要色块的饱和度一样纯正，两者没有强弱之分就可以搭配在一起。势均力敌的两种相反色能创造不小的视觉冲击。

周三：
和男友在西餐厅小聚

关键词

30% 干练
70% 随性

▲ 红色的张狂可用相反色浅蓝压一压，把狂妄变在股掌之中，不怕看起来像是穿衣没章法。

周四：
和朋友为聚餐逛超市

关键词

50% 自在
50% 活力

▲ 充满活力和热情的红色一旦和美腿联合，就能穿出极高的瞩目度。特别是高腰裤的款式，能通过色彩的延伸性塑造美腿。

周五：
和男友约在咖啡店小聚

关键词

70% 俏皮
30% 性感

▲ 白色能缓和宝蓝色和深红色之间的"冲突"，是整体平衡的关键要素。腰间的蓝色腰带仅仅比宝蓝色浅一个色阶，就能为整体色调增加鲜亮效果。

周六：
到老师家做客

关键词

80% 清新，
20% 大方

▲想要塑造好印象，首要思路一定是把最清新的浅调色穿在最外层，张扬的颜色可作为内搭露出不超过50%的面积。

周日：
到机场给好友送行

关键词

80% 惬意
20% 中性

▲尺寸最宽松的外套如果恰好是浅色，应该立刻做出"选择深色下装"的反应，这样才能以最简单的方式穿出瘦高效果。

3 冬季色彩场合搭配范例

场合一：应征美术老师的工作

一袭藏蓝色膝下 A 型裙不仅端庄而且显得温柔随和，适合穿来应征注重与人沟通、相处的职位。

应征面试不意味着"封杀"裙装，只要选择的款式和颜色得体，裙装也能助你顺利拿下面试官。藏蓝色兼于蓝色和黑色之间，既有蓝色象征的冷静与智慧，也有黑色代表的正直和严谨，很适合应征面试时穿着。

玫红色的小胸针突出整体装扮的核心思路——精致不冗余。

非纯正黑色的手提包有一些若隐若现的仿古纹路，不似寻常黑色包包那样一板一眼。

墨绿色麂皮混搭黑色漆皮鞋，复古和现代并重，从鞋履上看出活泼个性。

场合搭配建议

"开襟衫＋过膝裙＝100% 淑女"在众人的印象中一直根深蒂固，穿衣模式可以沿袭，但是可以从中增添一些现代感的元素加以调剂。

方案
1

方案
2

你了解面试官对应聘者衣着的真实想法吗?

● ● ● ● ● ●

面试工作一定要穿着十分保守?！错了！应聘穿着决定你的前程,你真正了解面试官的想法吗?针对各种穿着打扮的应聘者,现在就来公布面试官超真实的第一想法!

应聘者打扮得过于老实保守 = "我可能带动不了人拒绝风险"

"保守"对于追求创新和激进的商业社会而言并不具有吸引力和价值点,如果你的穿着方式陈旧老套,面试官会认为你极不能接受新鲜事物,会质疑日后和你的沟通效果达不到期望值。

应聘者打扮得过于性感火辣 = "她可能应付不了我们的高标准要求"

性感的装扮对职场而言意味着"冒昧"、"失礼",大部分人并不会采取这样的穿衣模式来直接面对自己的老板。当然也会有一些状况外的倒霉蛋,面试官会首先剔除掉她们,因为这种错误实在犯得有点低级。

应聘者的装扮过于个性化 = "她可能难以管理"

突出的个性意味着这位老板可能会意外地获得一名悍将,但也有可能会是一名不合群、不服众的"问题员工",为了避免第二种可能性,履历和能力都不十分突出的话一般都会被落选。因此个性化的装扮是极不适合面试的,当然一些特殊要求的岗位例外:比如艺术类、经纪类、公关类等。

应聘者穿着过于随意邋遢 = "她也许是我公司毒瘤"

每位面试官都希望得到竞争意识强、做事积极的员工,虽然外表不意味着做事风格亦是如此,但面试官总是那么感性地做出"她不合适"的判断。别挑战面试官的敏感,松散的情况不允许发生在态度、语气上,更不允许发生在穿着上。

应聘者穿着过于奢华 = "我满足不了她的高要求"

实力再雄厚的老板也不愿意聘请一个名牌的奴隶,挥金如土的人不是对金钱过于看淡就是过于执着,为了避免日后因待遇问题变得不睦,谨慎的面试官一定会不顾一切将名牌控淘汰。

冬天参加喜宴不要穿着小礼服瑟瑟发抖，如果在色彩上呼应主题，也可以穿出喜气洋洋的温暖印象。只要在细节上注入一些奢华繁复的元素，就能穿出自己对闺蜜婚礼的重视度了。

▲ "重量级"的酒红色不需要太多设计来衬托，简单的中腰连身裙就能让自己看起来隆重且不失礼。

黑曜石点缀的元宝领闪耀着低调的光芒，恰到好处装点酒红色的洋装。

亮黄色的腰带为深色洋装增添一点亮色，犹如端庄中的一点惊喜。

宝蓝色的丝绒发箍不仅和洋装上的小点呼应，更提升了华丽感，适合衣香鬓影的婚宴。

场合搭配建议

设计上不要过于繁杂，剪裁要得体大方，颜色需迎合婚宴的主题。

方案
1

方案
2

通过穿衣在婚宴上狂揽人气的秘诀

● ● ● ● ● ●

　　婚宴是人生中无法避免的社交考题，最熟悉的人、半熟悉的人、陌生人都可能在这里与你擦出火花。不要以为婚宴上只有"不能比新娘美"这一条穿衣禁忌，实际上还有许多细节是需要注意的。

婚宴穿衣狂揽人气的秘诀

拿捏不到恰到好处的"正式感"

　　有些新人会在请帖上写明"请穿正装出席"的着装要求，但大部分新人不会这么做。因此事先最好打听婚礼举办的场所、场布风格以及重要环节，否则你也会闹出在草地婚礼上穿着拖地长裙、在肃穆的教堂穿亮片旗袍的糗事。

误打误撞穿了"主角色"

　　如果没有特别要求，最好不要穿新娘专属的正白色和正红色，这可是个很大失误。当然事先从侧面打听新娘当日所着的颜色，也是避开锋芒的聪明之举，否则你们的友谊可能会因此扣分。

穿黑白色不出错还是尽量不要尝试？

　　婚宴并非不能穿黑白色，在西式婚礼中黑白色被视为尊重他人的用色。关键点在一定要选择闪光面料的黑白色，忌讳哑光的黑白色，如果全身都是黑白色记得要搭配色彩或者造型都突出一些的饰品。

穿正统礼裙还是利落便装？

　　每个难忘的婚礼都有极其疯狂的环节，所以最好打探一下详细过程，避免穿着过于正统的礼裙反而失掉了疯狂一把的乐趣。尤其针对钟爱余兴派对的新人，最好穿着便于跳舞的轻便小洋装。

突出自己却显得夸张

　　朋友婚礼也不要让自己过于黯淡，说不定暗处就能开出一朵桃花来。突出自己最好选择看起来不会太夸张的服装，可见精心之处又不要过了火。如果你来不及准备适合的服装，就搭配精致一些的饰品来烘托自己吧。

▲ 藏蓝色外套低调不张扬，白色蕾丝毛领又平添一丝甜美。

户外约会不仅要虏获男友的倾心，更需小心的是不当的穿着会引起路人的侧目，破坏约会的甜蜜氛围。约会穿着"内外有别"，户外约会也不能让自己的美丽减少一分。

棕色呢子帽能掩盖大风造成的狼狈，是户外约会的必备单品。

带有梦幻少女味道的毛领存在即是标榜甜美，是约会装扮的心机之处。

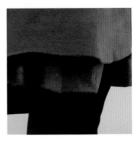

微微露出的一截裙摆不仅瘦腿，也是他爱上你的一个重要理由噢。

场合搭配建议

注重层次感并且显瘦的装扮会赢得他的青睐！也别牺牲温度，穿着单薄显得自己准备不足。

既保障温度也照顾美观程度的穿搭秘诀　●●●　··　●

　　在冬日的暖阳下约会，还有什么事件能比此更加浪漫和温暖呢。但也有女生变得慌乱起来：究竟怎么穿才能既保暖又突出甜美感。下列穿衣误区小心不要闯入噢。

　　气温保暖的误区

　　黑色、白色、灰色、棕色……这些颜色在大风天气下容易让自己也显得灰头土脸。建议选择较温暖朴实的暖色，例如酒红色、暖橘色等，借助某个颜色点亮他的视野，会为约会的气氛增色不少噢。

　　试搭膨胀色

　　需要长时间坐着的约会尽量不要穿臃肿的羽绒服或者棉服，尤其是膨胀色彩——荧光黄、亮粉色、果绿色等，这些色彩会让你看起来格外臃肿，曲线全无。建议选择收缩色，例如宝石蓝、酒红、深紫色、墨绿色等，深色用在这种场合上会比张扬的颜色更受欢迎。

　　选择适合自己的花色和纯色

　　在男生女生的若干项分歧中，有一项是针对花色和纯色的喜好。女生喜欢色彩斑斓的波点、纹路以及碎花，但男生更青睐干净单纯的纯色。第一次约会时尽量选择纯色，如果是深色，可挑选有暗纹的材质减少纯色的老气感，让自己的穿着一次就打入他的喜好名单。

　　撞色游戏要适可而止

　　除非他的时尚眼光和你有共鸣，否则第一次见面千万不要尝试好几种颜色的撞色。撞色适合个性和气质都有特质的女生，不看缘由乱用撞色，只会让你像一个时尚疯子在出门之前又闹了一次脾气。

　　饰品能起到的点缀作用

　　"冬天不需要小饰品"、"恨不得把自己包得紧紧的，哪里还用得着饰品"、"穿着大衣，饰品起不了任何作用"……这些都是冬季装扮相当常见的误区。虽然厚厚的外套当道，但领口、袖口、发型上依然大有文章可做，适当地运用一些饰品不仅能抹去外套的平凡之处，更吸引视线加强好感。

和同事一起进行户外调研不能糊弄了事，挺拔爽朗的搭配不仅能为自己鼓气，也是快速完成工作的人气保证噢。每个职场新人都要面对一些外派工作，怎么穿你是否胸有成竹？

▲ 到户外展开与人沟通的工作尽量以轻便的裤装为主，多穿暖人气的红色、蓝色和紫色，既具有基础深色的优雅时髦，也能突显专业的感觉。

复古设计的假领，为整件上衣增加文艺、严谨的味道。

手提包的颜色选择了极其活跃的道奇蓝，色调明快，适合外向型风格。

黑色拼贴勃艮第酒红，沉静而艳丽，内敛而又张力十足。

场合搭配建议

到户外展开与人沟通的工作尽量以轻便的裤装为主，多穿暖人气的红色、蓝色和紫色，既具有基础深色的优雅时髦，也能突显专业的感觉。

方案 *1*

方案 *2*

外派场合搭配建议

● ● ● ○ ○

　　在格子间里工作只要穿着简洁大方就无失误可言，到了室外就截然不同了。不但要便于行动，还需穿出一定的专业感，这是迅速得到陌生客户资料必需的"自我包装"哦。

以往更成熟、温情的深暖色为主

　　鲜艳的红色和黄色虽然给人一种热情、积极向上的情感反射，但是同时也给人一种危险的心理警告，因此尤其是户外时，尽量不要穿红色和黄色。温暖的深色，例如酒红、宝石红、木槿紫等都能标榜女性的形象，色彩属性成熟、理智，适合面对陌生人群、需迅速拉近关系时穿着。

尽量少穿深重的灰黑色

　　黑、灰色在人群中是极不显眼的颜色，当一位陌生人穿着全黑、灰色套装时意味着不明确、恐慌和警醒，因此当别人已经信任你的情况下，黑灰可能会加强这种信任。相反，当别人对你完全不了解时，黑灰也会加强这种质疑。所以尤其是女性的外派工作人员，尽量不要穿黑、灰色。

不要选择太年轻、活跃的色系

　　衣服色彩太过年轻的话容易招致对方的轻视和怀疑，流行服饰最好不要穿，配件也应减到最少，只佩戴一只手表即可。当然如果你无法确认自己穿的对不对，可以找一位年龄与自己相近的稳健型人物进行参照，她们的服装搭配方式可作为你学习的标准。

服装色彩和面料认识保持均衡一致

　　先调查外派场合和调研人群，根据该群体制定穿衣计划。昂贵的面料和艳丽的颜色会让平凡平庸的人群感到压力和距离，相反的，针对高端人群的调研则不能穿着面料劣质、色彩灰暗的衣服，也会减少陌生人对你的认同感。要往哪种人群寻找数据，必须先让自己的穿着水准进入此群体。

根据年龄选搭服装色彩

　　能赢得陌生人信任的外派职员并没有所谓的年龄限制，熟龄女性可能因稳重取胜，但年轻一些的女性也可能以活泼、健谈的形象获得好感。关键点在于所着服装的色彩是否符合年龄，年纪大一点的女士切忌穿着粉嫩、年轻的色系，反而会掩盖掉自己的专业素养。

想做生日派对邀请卡上最受欢迎的名字？朋友生日派对的穿衣智慧不能小觑。如果你每次都穿不对主题，总是在拍合照的时候帮大家摁快门，那么是时候重新给自己的穿衣思路洗洗牌了。

叠加三角形造型的亮粉色耳环宣告年轻无所不能的大胆。

无论是热舞派对还是单纯享受美食，钢青色高腰短裤都能进退得宜。

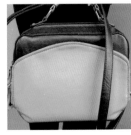

几何造型的手提包选择亮粉色，亮一些总能迎合缤纷布置的派对会场。

▲ 流行的方格和千鸟格用黑白双色突出，搭配存在感极强的钢青色高腰短裤，超棒的身材比例和巧妙用色立刻打入最佳衣着品位的行列。

场合搭配建议

别让自己显得太平凡，派对一族都喜欢穿着上有创意和想法的时尚玩家。

方案
1

方案
2

派对时的穿衣误区

● ● ● ● ○ ○ ●

　　每次生日派对里面总有一些负分女，她们的穿着打扮不是太过火就是太随意，被派对主人列进黑名单。不想进入《不受欢迎名单》，就陷入这些穿衣误区。

穿着太灰暗的色系

　　生日是呼朋唤友的时刻，对于参与者来说，你们的到来并不仅仅是祝福，更多的是为派对现场带来欢快愉悦的色彩。因此着装都尽量不要太偏向灰、黑、白，最好选择轻亮愉悦的颜色，这是参加派对最重要的守则。

抢夺派对"主角"的风采

　　参加朋友生日、升迁庆功宴会等，在穿着上需要有对自己明确的角色定位，衣着过于艳丽，会让派对的主角觉得你在炫耀，还可能喧宾夺主。正红色、宝蓝色、亮橘色、正黄色都是表示"核心"的颜色，应该主动避免这些颜色以免不悦。

"穿着过于隆重"和"穿着不够隆重"

　　在社交场合，"穿着过于隆重"（over-dress）或"穿着不够隆重"（under-dress）都不是一件令人得意的事情。尤其是现在生日派对的形式很多，以西式冷餐形式的派对也不少见，更挑战大家的穿衣情商。在这个前提下，穿得优雅别致就比隆重更加重要，千万不要过火或者太松弛。

参加主题派对时急于点题

　　当接到的邀请卡注明是主题派对时，你就应该做好色系上或者元素上必须点题的准备。当然也别把自己"乔装"成女巫或者浑身都是粉色蕾丝的公主。参加主题派对只要 30% 做到命题要求即可，点题而不要全力以赴。要记得成功的密码是当一名助兴的临时演员，而不要真的成为那个角色。

盛装派对时的穿着误区行为

　　相信许多女生看到邀请卡上"请盛装出席"的字样会觉得很慌张，难道精致的晚装才符合"盛装出席"的标准么？不完全是！只要你搭配质感上乘的高跟鞋、手提包以及化一个精致的妆面，即使普通的小洋装也能在盛装派对上出彩。

和上司同行，着装分寸要拿捏准确。你可以匆忙随意穿搭一番，但是商旅不同于个人旅行，它需要考虑很多因素，在老板面前你需要让自己看起来尽可能优雅干练，并且又能轻装上阵。

黑白色千鸟格的内搭，既优雅又符合干练女性的特质。

人字纹的灰黑色面料符合商务风主题，又不完全显得沉闷。

四粒扣的对襟设计让自己看上去挺拔干练，还有类似正装的形式感，甚至可以满足会议着装的要求。

场合搭配建议

你可以穿一条牛仔裤搭配可覆盖臀部的长外套，这种装扮会是个聪明又随意的选择，满足你的一切所需。

单宁色的仔裤为商旅增加轻便之处，也为灰黑色的长外套增添一抹个性。

方案
1

方案
2

"商旅"时的搭配建议

　　一次商旅可能要应对很多状况 会议、谈判、商务宴请、娱乐等,光准备一些具有职业味的衣服显然是不够的,需要的是穿着正式但不拘礼节的实用单品。

挑选可互换与组合的单品

　　几件可以任意互换的衣服要比一件精致考究的单品要强得多,携带衣服时一定要考虑色系是否能和绝大多数的衣服相配。小饰品更尽量选择同一个颜色系列,以便可以三三两两进行组合,然后融入每一套衣服里面。

把注意的重点放在上半身

　　相比下半身的穿着,人们通常会把注意力放在上半身。下装只要带1~2件,颜色从黑色、灰色、蓝色以及大地色系中选择就能保证不重复感。而上衣的颜色可适当鲜艳,单穿美观、套搭又合理的颜色最佳。

准备一些能激活衣服的饰物或者配件

　　考虑到商旅可能还会有一些休闲的娱乐活动,为此要单独带一些衣服显然不合理。可以准备一些能点缀或者激活所带衣服的配饰、配件,例如丝巾、帽子、项链等,改变衣服的外在风格。

准备一件用以室内的薄外套

　　从寒冷的室外进入供暖的室内,基于礼貌都应该脱掉厚重的外套。单穿衬衫或者毛衣显然很不得体,也贫乏单薄,作为女性职员也尽量不要直接穿紧身的单衣。最好准备一件可以穿在大衣里面的室内薄外套,颜色不必像西装外套那样严肃和正经,可以确保脱掉大衣后依然得体。

尽量不要穿彩色的袜子

　　彩色的袜子和商旅中较正式严肃的一些场面不符,尽量不要穿着,暗纹或者渔网的款式更是不妥。如果你带了裙子又想保暖一些,可以穿搭长靴,只要长靴贴合腿型又不是细跟的话,在商旅中能产生非常多样的搭配。

周一：机场登机

　　作为老板最信任的员工，差旅时更要把握衣着的正确方向。即使你的行李箱小到只能塞下 8 件衣服，也一样可以完成为期 7 天的短期出差工作。

本周为期 7 天的穿着都是通过这 8 件单品实现的噢！

如何用 8 件衣服准备为期 7 天的短期差旅

关键词

80% 舒适
20% 摩登

One week look

▲ 浅绿色套头针织衫

▲ 花朵图案圆领毛衣

▲ 花朵图案半身裙

▲ 宝石蓝九分铅笔裤

▲ 因为对方公司会派人接机所以也要注意保持职业形象，以全黑色挺拔造型出场，亮蓝色的手拎包可以装机舱用的保湿面膜。

▲ 撞色连身裙

▲ 裸色皮草外套

▲ 黑色连衣裙

▲ 黑色呢子外套

周二：在愉悦氛围中参观对方公司

关键词

60% 大方
40% 俏丽

▲ 第一次见面可以用稍微活泼些的裙装亮相，尚未谈到商业事项时，穿着可以靓丽一些。

周三：约对方公司的平级人员吃午餐

关键词

50% 随性
50% 俏皮

▲ 约和自己平级的伙伴吃午餐可以增进感情，高层尚未接触之前，多一些交往和接触。以年轻俏皮的套装为主，打造无造作、无功利的愉悦氛围。

周四：
高层见面陪同出席

周五：参加达成合作后
的第一次商务晚宴

关键词

80% 利落
20% 个性

关键词

60% 奢华
40% 简洁

▲ 在用色上全部去掉了代表女性特质的颜色，选择蓝、绿、黑等象征干练的颜色。略加点缀一些蓝色饰品，突出时代新女性的气质走向。

▲ 在穿着模式和用色上更接近"女高管"的做派，张弛有度，依靠一件并不厚重的皮草就能塑造强大气场。

周六：
到老师家做客

关键词

80% 清新
20% 大方

▲没有公事烦扰尽可以按照自己的喜好穿衣，这时可以亮丽一些，让好心情凭色抒发。

周日：
到机场给好友送行

关键词

80% 惬意
20% 中性

▲在异地的最后一天心情也逐渐明朗起来，浅绿色和宝石蓝的搭配虽然并非暖色组合，也能看出其中的好心情溢于言表。

4 秋季色彩单品百搭穿法

一衣四穿单品 1：酒红色套头毛衣

深色作为最外层的主色能起到收缩效果，加以其他辅助色彩，能展现适合不同场合的风格基调。如果担心自己每次都不能很好地规划色彩，可以采用"1主色+3辅色"的模式来搭配单品。

方法1：散发热辣味道的冬季穿搭

酒红色
+
茉莉黄
粉驼色
深棕色

方法2：美式复古风格的造型

酒红色
+
海军蓝
道奇蓝
浅紫红

▲ 茉莉黄在冬季看来虽然明艳但却是相当应季的颜色，以明亮烘托酒红的华丽大气，再用温和的粉驼色和百搭色深棕色调和，打造明艳动人的感觉。

▲ 美式风格的穿搭通常都会运用红色和蓝色来组合，旨在奉行舒适自在的实穿主义和现代的自由主义，配色上是独树一帜的。

方法 3: 法式 Chic 风格的穿搭模式

酒红色
+
黑色
灰色
金色

方法 4: 能穿出干练形象的套搭模式

深蓝色
+
白色
黑色
银色

▲ 酒红色在法式穿搭风格中运用得也比较多，主要和其他正统优雅的颜色搭配，例如黑色、灰色、白色、米色等，旨在将女性沉静优雅的一面放大。

▲ 酒红色不难演绎出甜美的感觉，拿其他暖色和它配合更放大了这种特质。如果把相近的几种红色一起穿，甜美就更加明艳了。

一衣四穿单品2：普鲁士蓝长款卫衣

卫衣有显而易见的膨胀感，和古典的收缩色普鲁士蓝结合，能扬长避短，变成最无异议的潮物。如果论冬季单品的百搭性，普鲁士蓝卫衣一定是最炙手可热的单品。

方法1：休闲风格的配色方案

普鲁士蓝
+
青玉色
灰色
矢车菊色

▲ 青玉色是一种和普鲁士蓝相当接近的颜色，有几乎融为一体的和谐性，细看却又层次分明。最浅的矢车菊蓝是作为分界色运用的，目的是划分上下比例，优化上半身的线条。

方法2：完全倾向甜美风格的打扮

普鲁士蓝
+
黑色
深蓝色
单宁色

▲ 现代的普鲁士蓝、先锋的黑色、强势的深蓝以及率性的单宁色，不难看出这组配色已经奠定时髦气场。男性化的配色模式即使换女性来演绎也依旧锐意、特立独行。

方法 3: 美式校园风格的装扮

普鲁士蓝
+
灰色
单宁色
亮蓝色

方法 4: 韩系轻熟风的味道

普鲁士蓝
+
浅砖色
咖啡色
白色

▲ 牛仔外套是卫衣的绝妙搭档，尺寸一定要宽一些才对味。另外牛仔色系（无论是原始的单宁色还是水洗磨白的颜色）都能增加普鲁士蓝的时尚感，怎么搭配都不出错。

▲ 普鲁士蓝有着蓝色色系特有的"随和"，只要被另一个更强势的色彩主导，就能转变为另一种风格。搭配浅砖红色的长裤一下就让普鲁士蓝成为轻熟之选。

一衣四穿单品 3：威尼斯红方格半身裙

　　饱和的色彩在冬季顺势而起，作为鲜明风格的代表，英伦风无法不成为你的最爱。针对双色方格的英伦元素，你做好色彩预案了吗？

方法 1：实穿性最强的高街混搭法

威尼斯红
+
黑色
钻蓝色
灰色

方法 2：帅气的机车风格

威尼斯红
+
黑色
灰色
白色

I HATE YOU

　▲ 上装采用红黑两种色彩的毛线编织，以黑色突出红色的存在感，更显街头范。灰色作为中间的调剂色，避免让浓重的色彩超出控制，显得过于艳俗。

　▲ 机车风格不能缺少皮革单品，把反光度控制得极好的哑光皮面料可以让威尼斯红色看起来不那么挑衅或张扬。

威尼斯红

+

黑色

玫瑰红

荧光蓝

威尼斯红

+

黑色

紫色

白色

▲ 扬基风格的棒球外套是能帮助小身材穿出大气场的单品，要突出自己的风格，不要只会用黑色棒球外套来搭配。运用更活泼的花朵色搭配半身裙，帅气穿搭因迷人而大大加分。

▲ 紫色能将原本停留在威尼斯红上的注意力抢走，黑色更从旁协助了紫色的独占主义，使得重点上移，优化双腿占据全身的比重感，让整个人显得娇小有活力。

周一：参加部门会议

冬季并非是深色的主场，主要运用得当，浅色也能独当一面并施展出强大的时尚势能。你还在为冬天运用浅色发愁吗？现在就把过多的深色请出衣橱吧，来挑战浅色的配色游戏。

本周为期 7 天的穿着都是通过这 8 件单品实现的噢！

如何在冬季用浅色穿一周

关键词

80% 知性
20% 甜美

One week look

▲ 白色有领针织上衣

▲ 几何图文混色毛衣

▲ 墨绿色半身裙

▲ 黑白波点伞裙

▲ 墨绿色长裤

▲ 孔雀绿长袖连身裙

▲ 奶茶色机车皮革外套

▲ 浅灰蓝呢子茧型外套

+

+

▲ 浅灰蓝色并不容易引起注目，在争论不休的会议现场，这种颜色正好回避锋芒。

周二：
为客户送去答谢礼物

周三：
下班约见男友

关键词

60% 甜美
40% 时尚

▲以甜美却不乏干练的裙装软化商业目的，让客户放下心理防备，帮你建立良好的互动关系。

关键词

50% 乖巧
50% 个性

▲孔雀绿长裙应付上级检查，下班套上一件具备荧光元素的毛衣就可以活力百倍地赴约了。

周四：
参加联谊活动

80% 个性
20% 帅气

▲ 同龄人聚会的场合别把自己打扮得高高在上，放弃沉闷守旧的职业装，大大方方做回自己。

周五：
赴一场周末影院的约会

关键词

50% 性感
50% 俏丽

▲ 不要以为性感是减法的不断重复，有时候塑造比例出来的结果一样漂亮。深色短裙当做高腰裙使用，吸引视线将他的爱慕全部捕获。

周六：
和行内知名的猎头见面

▲ 关乎职业前景的重要场合应该去掉"第四个颜色"，选择单品时也应以简单大方的剪裁为主，尽量避免太女性特质的元素。

周日：
陪家人一起逛街购物

▲ 和家人在一起的时光珍贵且幸福，不要让自己穿得紧绷不适，更别带上太多的职业色彩。让自己待在有家人关护的幸福国度，把自己穿得甜美一些吧。